Fotorealisation: Konni Filbert, WF-Studio, Gräfelfing, und Rudolf Spreter von Kreudenstein, München.
Einzelbildnachweis auf den Seiten 170/171.
Alle TV-Dias wurden mit freundlicher Genehmigung des ZDF von der Electronic Center GmbH, Frankfurt, erstellt.
Sämtliche Grafiken: Atelier für Trick und Grafik, Albrecht-Matthias Wendlandt, Sauerthal.

Joachim Bublath
Das knoff-hoff Buch
München, G + G Urban-Verlag
ISBN 3-925334-13-0

Druck: Courier Druckhaus, Ingolstadt
Bindearbeiten: R. Oldenbourg Graphische Betriebe GmbH, München.

Joachim Bublath

Das knoff-hoff Buch

G + G Urban-Verlag · München · 1987

Inhalt

Über 350 Farbfotos wurden aus der ganzen Welt für dieses Buch zusammengetragen. Darunter befinden sich Bilder von staatlichen Stellen, von Industriefirmen, von der NASA ebenso wie von der europäischen Raumfahrtbehörde. Trotzdem wollten wir auf Actionaufnahmen aus dem Studio nicht verzichten, auch wenn die technische Qualität nicht immer den Höchststandard erreicht. Dafür und für den folgenden Haftungsausschluß bitten wir um Ihr Verständnis: Sämtliche im „knoff-hoff-Buch" vorgestellten Kunststücke werden auf eigene Verantwortung des Lesers ausprobiert und nachgeahmt. Für das Mißlingen dieser Vorhaben können Autor und Verlag keinerlei Haftung übernehmen.

Der Verlag

Naturwissenschaft und **Technik** bestimmen immer mehr Bereiche unseres täglichen Lebens. Deshalb, so sollte man meinen, ist das Verständnis für Naturwissenschaften in unserer Gesellschaft besonders stark ausgeprägt. Die Wirklichkeit jedoch sieht anders aus.
Das Bildungsideal hat sich in den letzten 100 Jahren gewandelt. Erstaunlich ist, daß die Naturwissenschaften immer mehr an Bedeutung in der Allgemeinbildung verloren, je einflußreicher sie für unser organisiertes Leben wurden. Die Vorstellung, was Kultur ist, hat sich stark verengt – die Naturwissenschaften sind dabei praktisch ausgenommen. Man gilt keineswegs als ungebildet, wenn beispielsweise die Kernfusion oder Grundlagen der Computertechnik unverstanden bleiben. Durch diese Einstellung wird die Kluft zwischen den sich rasend schnell entwickelnden Naturwissenschaften und dem Wissen der Allgemeinheit immer größer. Ein minimales Verständnis für grundlegende naturwissenschaftliche Zusammenhänge hilft jedoch, das Unbehagen, das durch das Vordringen der Technik in fast alle Lebensbereiche entsteht, zu mildern.
Noch Ende des 19. Jahrhunderts war es kein Problem, Naturwissenschaften in das öffentliche kulturelle Leben zu integrieren. Auch gehörte es zur naturwissenschaftlichen Tradition, Experimente vor Publikum zu präsentieren und es damit zu verblüffen und zu unterhalten. Faraday, Franklin und viele andere berühmte Wissenschaftler waren für ihre volkstümlichen Vorstellungen bekannt, in denen sie in Zirkusmanier die neuesten wissenschaftlichen Erkenntnisse demonstrierten. Die Resonanz auf diese Kunststücke war groß und die Stimmung mit der eines heutigen „Open-air"-Konzertes zu vergleichen. Leider hat diese Kunst der Vermittlung naturwissenschaftlicher Grundbegriffe mit den Jahrzehnten abgenommen. Vielleicht liegt das daran, daß die Sachverhalte komplizierter wurden – vielleicht fehlt es auch an der notwendigen Phantasie.
Mit dem Fernsehen eröffnet sich heute eine Chance, ein großes Publikum zu erreichen. Warum sollte es damit nicht möglich sein, den Spaß, den Naturwissenschaften machen, vielen Menschen zu vermitteln? Der Erfolg der „Knoff-Hoff-Show" zeigt, daß so etwas auch heute funktioniert. Viele der verblüffenden Dinge, die wir Ihnen zeigen, haben neben dem Unterhaltungswert auch noch den Vorteil, das grundsätzliche Verständnis für aktuelle naturwissenschaftliche Entwicklungen zu verbessern. Gute Ideen glänzen auch in der Technik durch ihre überwältigende Einfachheit.
Sicher werden Sie nach dem Lesen des Buches nicht plötzlich ein Experte in Sachen Naturwissenschaften sein. Aber die Kunststücke geben Ihnen ein Gefühl dafür, wie erstaunlich doch die Umwelt sein kann, in der wir leben.

Dr. Joachim Bublath

knoff-hoff

1

Wenn wir immer nur Rot sehen...

Das Kunststück:

Durch die rote Folie betrachtet, erscheint das „knoff-hoff" als „off-off". Die Schweizer und österreichische Flagge werden zum neutralen Rot – in der Politik eigentlich ein Widerspruch. Und durch dieses rosige Filter gesehen, verschwindet das pessimistische Gesicht.
Sie können übrigens ohne Folie erkennen, wie allein herabhängende Mundwinkel über die Wirkung eines Gesichtes entscheiden. Die Farben der Zeichnungen sind mit der Folie abgestimmt. Dieses Kunststück können Sie mit den entsprechenden Farbstiften und weißem Papier jederzeit selbst vorführen.

Das knoff-hoff:

Weißes Licht besteht prinzipiell aus den Farben Rot, Grün und Blau. Diese drei Farben zusammen ergeben für unser Auge den Eindruck Weiß. Papier, das weiß ist, reflektiert alle drei Farben. Das Rotfilter läßt nur die roten Anteile des Lichts passieren – die anderen Farben werden blockiert. Wird etwas mit roter Farbe auf das weiße Papier geschrieben, so gehen von diesem Bereich nur diejenigen Lichtwellen aus, die wir als Rot erkennen. Das Rotfilter wiederum läßt auch nur die Rotanteile des vom Papier reflektierten weißen Lichts durch – deshalb verschwimmen die mit dem roten Farbstift gezeichneten Konturen des H in der roten Filterfläche. Das grüne O – ebenso würde das bei einem blauen O funktionieren – erscheint durch das Rotfilter betrachtet als schwarzes O. Von hier wird ja überhaupt kein Rot abgestrahlt – anders als im umliegenden Bereich, der ja im Weiß Rotanteile besitzt.

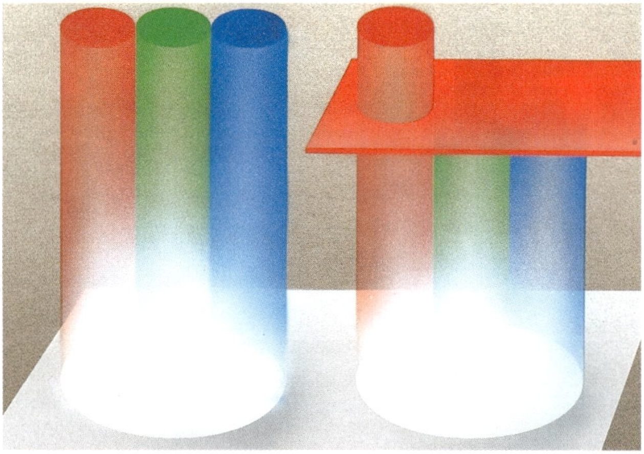

Weißes Licht besteht aus den Farben Rot, Grün und Blau. Das Rotfilter läßt nur die roten Anteile des weißen Lichts passieren.

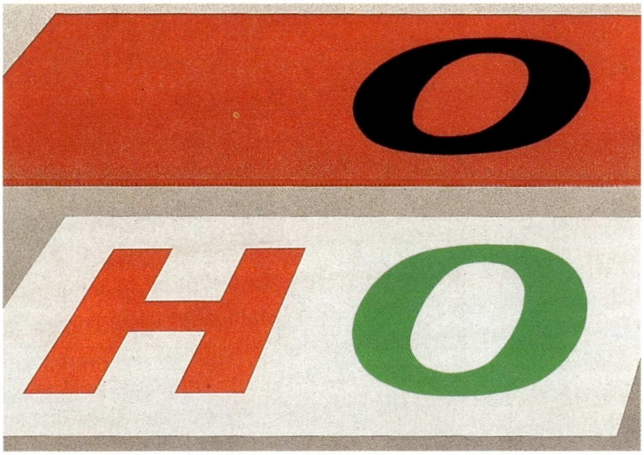

Durch das Rotfilter verschwimmen die Konturen des roten H. Vom grünen O gehen keine roten Farbanteile aus. Durch das rote Filter gesehen erscheint deshalb dieser Bereich schwarz.

Tricks und Tips:

Mit dem Filter ist es möglich, auch andere Gegenstände zu betrachten. Im Schnee z. B. verschwinden rote Gegenstände. Zu beachten ist, daß die Farbe der Stifte mit der des Rotfilters übereinstimmt. Nur mit dieser Voraussetzung gelingt der Trick. Es ist verständlich, daß auch nur eine leichte Abweichung der beiden Farben die gezeichnete Figur vor dem roten Filterhintergrund auftauchen läßt; denn der nicht zum Filter passende Farbanteil wird ja von der Folie nicht durchgelassen. Selbstverständlich kann man das Kunststück auch mit anderen Farbfolien – grün oder blau – machen. Die Voraussetzung ist, daß die Farbe der Stifte mit der Farbfolie übereinstimmt. Nur dann verschwindet die gezeichnete Figur. Bei einer blauen Folie verschwinden die blauen Teile der Zeichnung – die roten und grünen erscheinen schwarz. Alles muß auf weißem Papier gezeichnet werden, denn nur bei der Farbe Weiß ist man ja sicher, daß alle Farbanteile, die für dieses Kunststück nötig sind, enthalten sind. Schon bei einem leicht gelben Untergrund erhalten Sie ein anderes Ergebnis.

2

Das launische Ei

Das Kunststück:

Wenn Sie ein rohes und ein gleich großes gekochtes Ei auf einer Schräge herabrollen lassen – welches Ei wird zuerst unten ankommen? Das rohe oder das gekochte? Wenn Sie das Kunststück ausprobieren, dann werden Sie sehen, daß das rohe Ei offenbar das schnellere ist. Erstaunlich ist das schon, denn wer kennt nicht den alten Hausfrauentrick, ein rohes von einem gekochten Ei zu unterscheiden? Dabei werden beide Eier mit den Fingern auf dem Tisch gedreht – das gekochte dreht sich viel schneller als das rohe. Warum also sollte nicht auch das gekochte Ei die Schräge schneller herunterrollen?

Das knoff-hoff:

Beim Hausfrauentrick rotiert das gekochte Ei deshalb schneller und länger, weil es mehr an Rotationsenergie aufnehmen kann als das rohe Ei. Durch das Kochen sind die Teilchen des Hühnereies fest verklebt – alle Masseteilchen drehen sich, und entsprechend lange rotiert das Ei um die eigene Achse.
Anders beim rohen Ei: Der äußere Rand des flüssigen Eies macht zwar die Drehung mit, das Innere bleibt jedoch träge stehen. Weniger Masseteilchen können also in Rotation versetzt werden – entsprechend kurz ist die Drehung. Langsam ist sie außer-

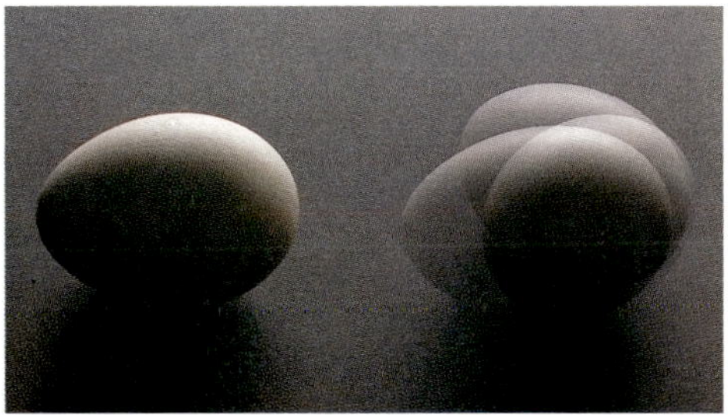

dem noch, denn es entstehen in der Eiflüssigkeit zwischen dem ruhenden und rotierenden Teil Reibungsflächen. Dazu wird ein Teil der hineingesteckten Energie genutzt.

Der unterschiedliche Aufbau des rohen und des gekochten Eies ist die Ursache für das überraschende Ergebnis beim Herabrollen der beiden Eier. Den Eiern steht dieselbe Anfangsenergie zur Verfügung – denn sie starten beide aus der gleichen Höhe. Weil im gekochten Ei die Teilchen fest miteinander verklebt sind, muß jedes dieser Teilchen beim Abrollen die volle Drehung mitmachen, und das kostet einen Teil der Energie. Zum Vorwärtsbewegen bleibt deshalb weniger Energie übrig. Das ist durch den kurzen grünen Pfeil in der rechten Zeichnung deutlich gemacht.

Beim rohen Ei dreht sich nur der äußere Teil der Flüssigkeit mit. Der innere Anteil gleitet fast ohne Rotation nach unten. Sehr viel von der Anfangsenergie kann also zur Vorwärtsbewegung benutzt werden – deshalb ist das rohe Ei schneller.

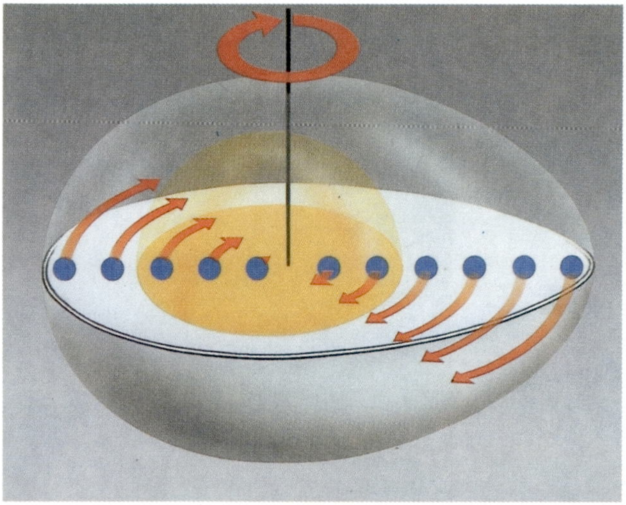

Drehung des gekochten Eies. Alle Teilchen drehen sich mit.

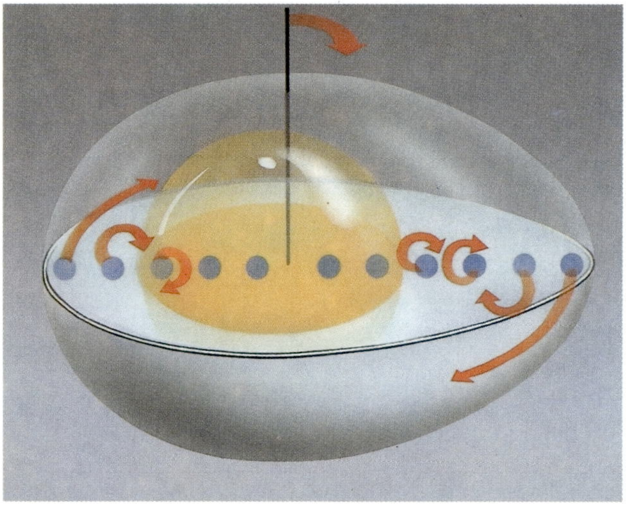

Beim rohen Ei dreht sich nur der äußere Randbezirk mit. Das Innere bleibt träge in Ruhestellung. Die Grenzflächen reiben sich aneinander – kleine Wirbel entstehen, die der Rotation Energie entziehen.

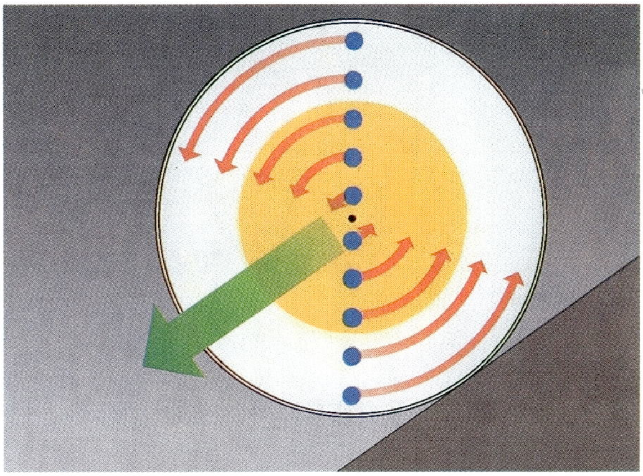

Beim gekochten Ei macht jedes Teilchen die Drehung mit.

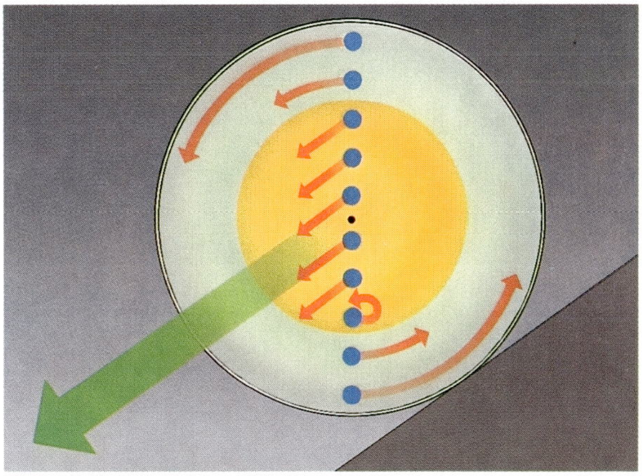

Das Innere des rohen Eies gleitet ohne Drehung nach unten. Nur der äußere Randbezirk muß die volle Umdrehung mitmachen und benötigt dazu Energie.

Tricks und Tips:

Wenn Sie das Kunststück ausprobieren, werden Sie bemerken, daß manchmal das rohe und das gekochte Ei gleich schnell sind – und es kann sogar passieren, daß das gekochte Ei schneller ist. Nun ist das keine Katastrophe und kein Argument gegen das Kunststück; denn einmal sind die Eier ja nicht gleich schwer oder rund. Zum anderen sind rohe Eier nicht besonders flüssig. Die gallertartige Substanz hat einen ganz guten Zusammenhalt, so daß manchmal auch das Innere des rohen Eies zum Rotieren kommt. Gut ist es deshalb, wenn Sie das rohe Ei vor dem Kunststück heftig schütteln – dadurch lösen sich Verbindungen des Eies mit seiner Schale.

Ausprobieren kann man dieses Kunststück auch mit zwei gleich schweren und gleich geformten Büchsen. Der Inhalt der einen Büchse muß fest sein – z. B. Schmelzkäse oder Corned Beef –, die zweite Dose kann Suppe oder andere flüssige Substanzen enthalten. Die Erfahrung lehrt, daß die Ergebnisse physikalischer Überlegungen in der Realität nur mit einer bestimmten Wahrscheinlichkeit bestätigt werden. Dazu benötigt man Geduld.

3

Der Luftballon, der nicht platzt

Das Kunststück:

Ein Luftballon wird aufgeblasen und mit einem Stück durchsichtigen Klebefilm (z. B. Tesafilm) beklebt. Dieses Stückchen Klebefilm ist nach festem Andrücken kaum zu bemerken. In unserem Foto haben wir die Größe des Klebefilms allerdings übertrieben. Eine lange, spitze Nadel kann jetzt an dieser Stelle in den Luftballon gestochen werden – ohne daß dieser zerplatzt. Zieht man die Nadel zurück, so entweicht aus dem kleinen Loch Luft – zur Vorführung ist es deshalb nach dem Kunststück effektvoller, den Ballon durch Einstechen an einer anderen Stelle zum Zerplatzen zu bringen. Bei etwas Übung können Sie auch noch einen an der Gegenseite angebrachten Klebestreifen durchbohren, so daß die lange Nadel den Luftballon vollständig durchdringt – ohne daß er zerplatzt.

Das knoff-hoff:

Wenn Sie ohne den aufgebrachten Klebefilm in den Luftballon stechen, so bildet sich an dieser Stelle sofort ein Riß, der sich schnell über den ganzen Luftballon ausbreitet. Je stärker der Luftballon aufgeblasen ist, um so

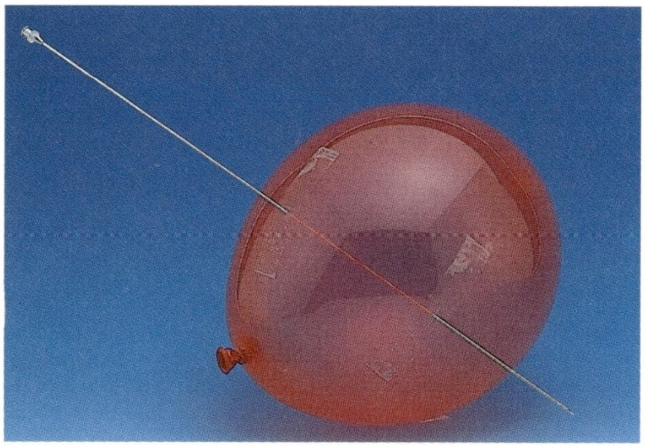

schneller geht das. Diese Risse können Sie bei genauer Untersuchung eines zerplatzten Luftballons entdekken.
Wenn der Luftballon zu stark aufgeblasen ist oder wenn der Klebestreifen nicht richtig haftet, sehen Sie beim Einstechen, wie sich unter dem Klebeband langsam die Risse bilden. Laufen Sie über die Begrenzung des Klebestreifens hinaus, hatten Sie mit diesem Kunststück Pech.
Risse spielen nicht nur bei Luftballons eine Rolle (s. K. 5+6).
Gummi besteht aus langen Molekülketten, die während des Aufblasens gestreckt werden. Die Fotos aus der Zeitlupenaufnahme zeigen, wie sich nach einem Nadelstich der Riß schnell fortpflanzt. Der Luftballon wurde mit Mehl gefüllt, so daß die ursprüngliche Form des Luftballons noch zu erken-

nen ist. Das Mehl „steht" in der Luft – so schnell zieht sich die Luftballonhülle zusammen.

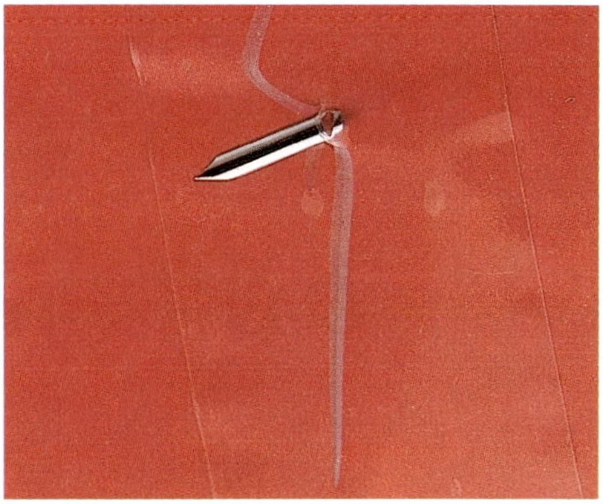

Tricks und Tips:

Hilfreich bei dem Trick ist es, den Luftballon nicht zu stark aufzublasen. Die Nadel sollte sehr gut angespitzt sein. Eventuell muß man eine Stricknadel nachfeilen. Außerdem sollten Sie die Nadel ölen, so daß sie besser durch das Loch gleitet. Wollen Sie den Luftballon im ganzen Durchmesser durchstechen, so ist es beim Halten hilfreich, den zweiten Streifen zwischen den gespreizten Fingern zu plazieren und diese Stelle dadurch zu markieren. Auch wenn der Luftballon nicht ganz durchsichtig ist, treffen Sie so elegant den zweiten Klebestreifen.

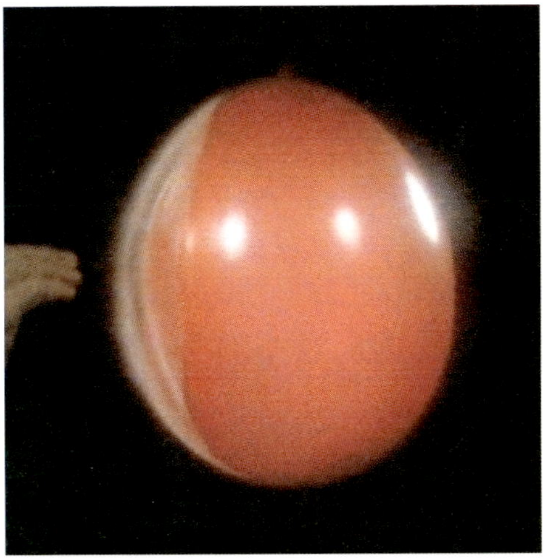

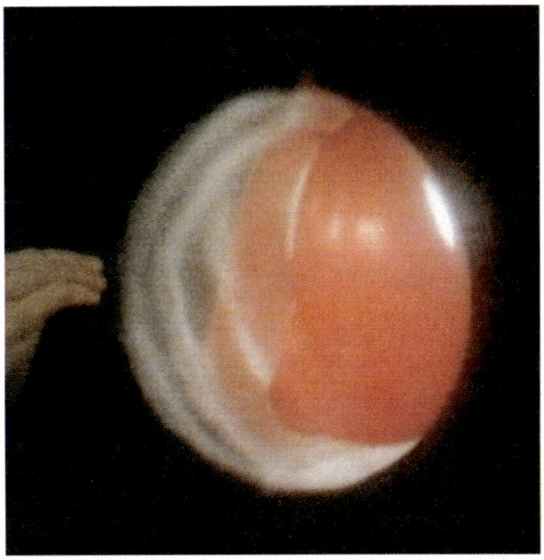

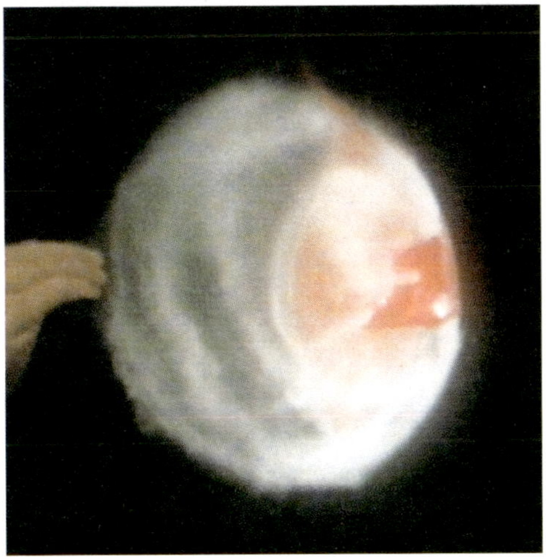

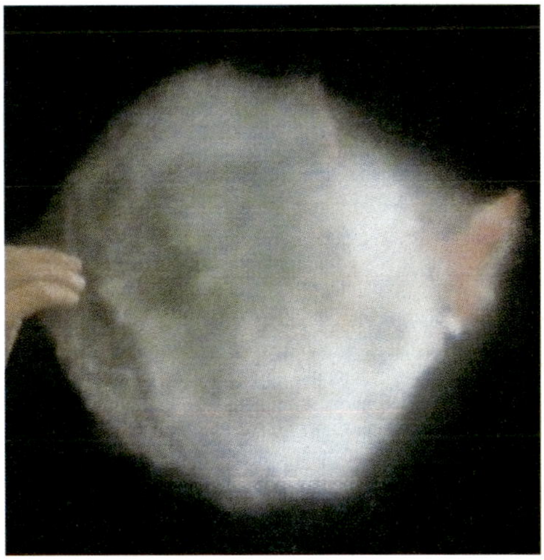

4

Das schwebende Ei

Das Kunststück:

Ein Ei wird in ein Sektglas gelegt und daneben ein leeres Glas gestellt. Blasen Sie nun von oben auf das Ei, so hebt es sich und – bei einiger Übung – kippt selbstverständlich in das andere Glas hinein. Natürlich benötigen Sie zur Durchführung dieses Kunststückes genügend Puste.

Das knoff-hoff:

Die Luft strömt an dem Ei vorbei in das Glas. Unter dem Ei baut sich ein Überdruck auf. Dieses mit dem Blasen stärker werdende Luftkissen hebt das Ei nach oben. Es kippt bei entsprechender Blasrichtung in das andere Sektglas hinein. Wichtig bei diesem Kunststück ist die Form des Eies. Durch die an der Eioberseite schnell vorbeiströmende Luft bildet sich ein Unterdruck im oberen Bereich aus, der die Aufwärtsbewegung des Eies unterstützt.

Tricks und Tips:

Für den Anfang sollten Sie etwa ein Drittel des rohen Eies durch ein kleines Loch aussaugen. Mit dem leichteren Ei läßt es sich besser trainieren. Blasen müssen Sie direkt von oben, damit kann sich der Luftdruck unter dem Ei aufbauen, und es gibt glatte Strömungslinien um das Ei – wichtig für den Unterdruck. Geblasen werden muß kurz und heftig, um die Bedingungen, die das Ei heben, zu erreichen.

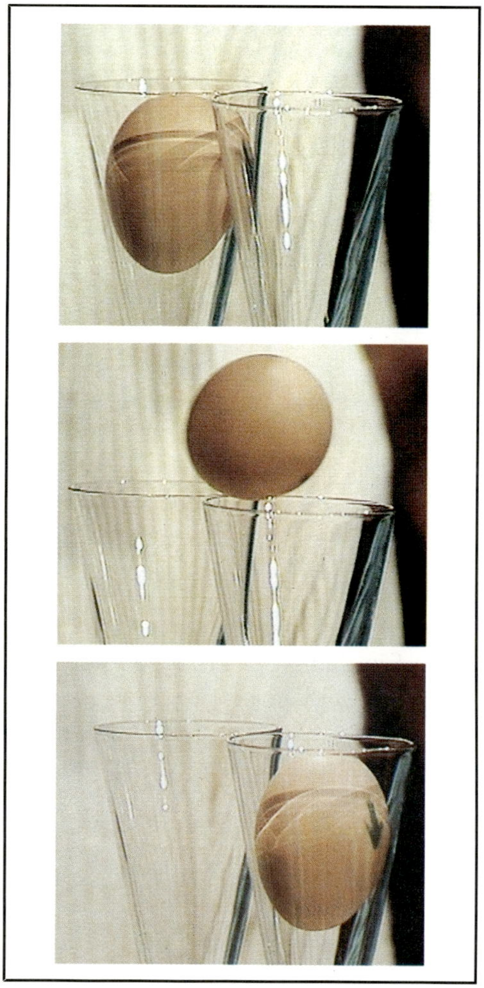

5

Der Hammer aus Glas

Das Kunststück:

Für dieses Kunststück brauchen Sie eine „vorgespannte" Glasflasche. Sie ist schwer zu bekommen. Aber auch wenn Sie das Kunststück nicht selbst ausführen können – allein das Wissen um diesen Trick ist interessant genug.

Diese „vorgespannten" Flaschen werden dann aus dem Produktionsgang einer Flaschenfabrik herausgenommen, wenn die Flaschen noch glühen. Normalerweise werden die Flaschen sehr langsam abgekühlt, damit das Glas innen und außen gleichmäßig schrumpfen kann. Dazu durchlaufen die Fließbänder mit den frisch hergestellten Flaschen geheizte Kammern. Schockt man die glühende Flasche jedoch sofort nach der Produktion mit der Hallentemperatur, so kühlt das Äußere der Flasche schneller ab als das Innere. Die Außenhaut schrumpft dabei und wird starr. Im Inneren der Flaschenwand läuft das verzögert ab.

Diese unterschiedliche Abkühlung im Glas verursacht die Vorspannung der Flasche. Mit einer solchen Flasche kann man leicht einen Nagel in Holz einschlagen. Läßt man den Nagel aber in das Innere der Flasche fallen, so

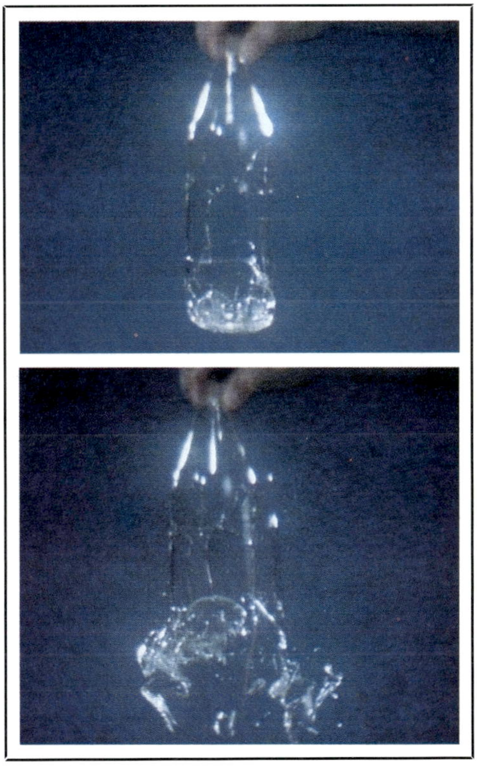

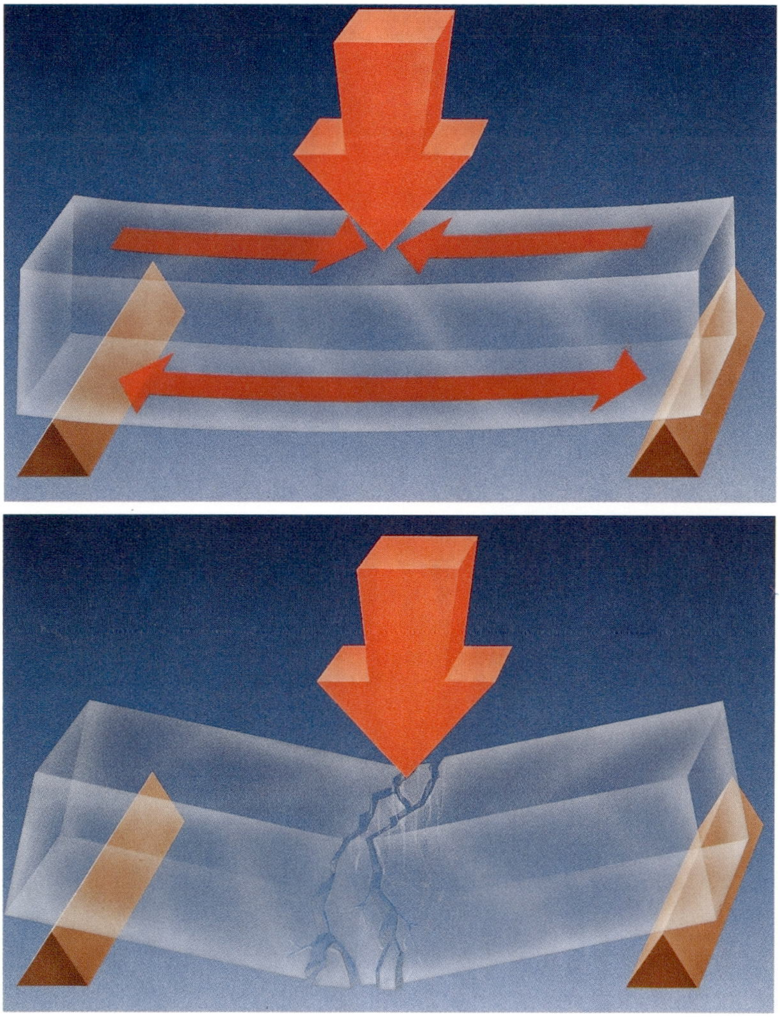

Die Situation beim Bruch einer Glaswand

zerspringt sie wie eine Bombe. Auf den Zeitlupenfotos ist zu sehen, wie groß die Kräfte beim Zerplatzen sein können.

Das knoff-hoff:

Die Vorspannung wirkt wie eine Klammer um die Flasche. Risse und andere Schwachstellen werden so zusammengehalten. Ein Druck von außen – z. B. der Nagel, der gerade eingeschlagen wird – muß zunächst den Widerstand dieser Klammer überwinden, ehe die Flasche zerbricht.

Wann eine Glaswand zerbricht, machen die Pfeile in der Zeichnung deutlich. Durch eine von außen einwirkende Kraft – das ist der von oben kommende Pfeil – verbiegt sich das Glas. Es wird auf der Oberseite zusammen- und auf der Unterseite auseinandergedrückt. Das machen die Pfeile in der Glaswand deutlich. Verstärkt sich der Druck von oben, so zerreißt das Teilchengefüge – die Glaswand bricht.

Mit der Vorspannung verändern sich die Verhältnisse im Glas. Beim schnellen Abkühlen zieht sich die äußere

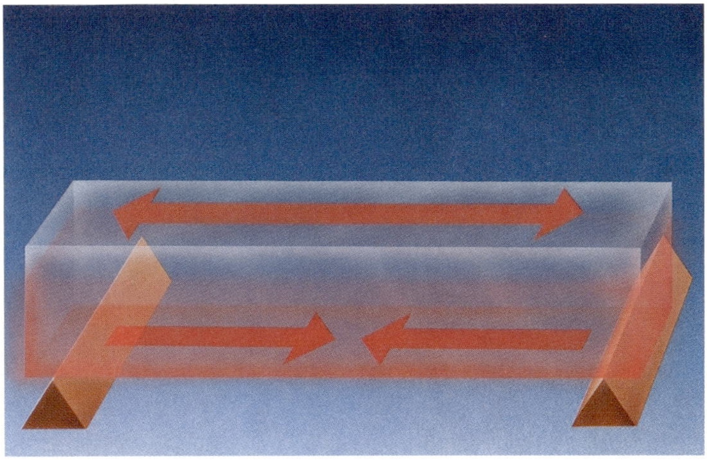

Die Verteilung der Vorspannung in der Flaschenwand

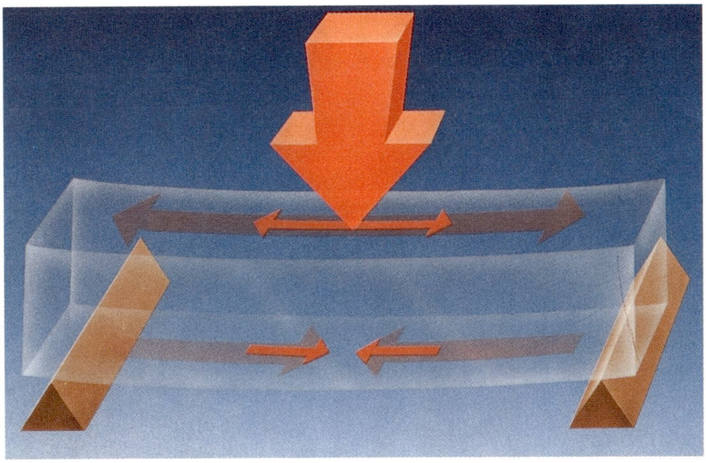

Die Kraft von außen muß zunächst die Vorspannung überwinden.

Schicht der Glaswand zusammen. Die Glasmasse im Inneren hindert sie jedoch daran – Spannungen entstehen. Die Glasmasse im Inneren ist ja zu diesem Zeitpunkt immer noch flüssig. Wenn sie abkühlt und sich dabei zusammenzieht, muß sie das jetzt aber unter dem Zwang der starren äußeren Hülle tun. Dadurch kommt es zu einer unterschiedlichen Kräfteverteilung in der Glaswand: Die Außenseite zeigt den „Klammereffekt" – sie steht unter einer Vorspannung. An der Unterseite sind die Kräfte entgegengesetzt gerichtet – eben weil hier das Zusammenziehen der Glasmasse unter den widrigen äußeren Bedingungen geschehen ist. In der Grafik ist diese „gespannte" Situation mit Pfeilen dargestellt.

Wirkt jetzt eine Kraft von außen auf die so vorbereitete Glaswand – z. B. beim Nageleinschlagen –, so müssen zuerst die in der Flaschenwand vorhandenen Vorspannungen überwunden werden, um sie zum Zerbrechen zu bringen. Im Pfeilbild heißt das: Die Kraft von oben muß so groß sein, daß

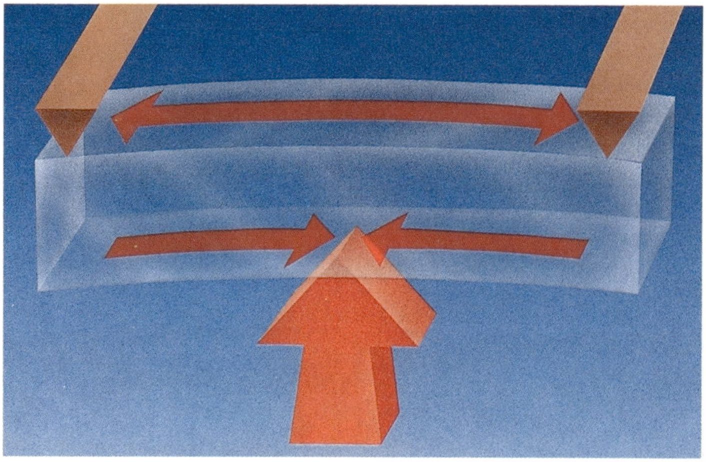

Bei einer nach oben gerichteten Kraft unterstützt die Vorspannung die Kraft des Glases. Das ist gut im Vergleich mit der Grafik auf Seite 22 zu sehen.

sich die Pfeile umkehren, so wie es die Bruchsituation ja fordert. Durch diesen Trick erhöht sich die Festigkeit der Flasche.

Kommt die Beanspruchung der Flaschenwand jedoch von unten – in unserem Fall also vom Flascheninneren –, werden ja gerade die Bruchvoraussetzungen vorgefunden: Eine kleine Kraft reicht aus, um die Glasschicht zu zerbrechen. Die Vorspannung unterstützt hier sogar das Zerbrechen. Die Flasche explodiert regelrecht.

Die Vorspannungen können sich dann schlagartig abbauen – und nicht nur am Berührungspunkt mit dem Nagel. Das liegt daran, daß sich die Druckwellen des Aufpralls mit Schallgeschwindigkeit durch das Glas fortbewegen. Bei Glas liegt diese Geschwindigkeit bei etwa 5000 m/sec – das ist schneller als eine Gewehrkugel. Diese Druckwellen beginnen ihren Weg vom Kontaktpunkt des Nagels mit dem Glas und durchlaufen es in einigen hunderttausendstel Sekunden. Dann werden sie an der Grenzschicht reflektiert und breiten sich in der gesamten Glasschicht aus. Diese Ausbreitungszeiten sind etwa 1000mal kürzer als die Berührungszeit des Nagels mit dem Glas. Deshalb zerplatzt die Flasche nicht nur am Berührungspunkt mit dem Nagel.

Tips und Tricks:

Vorsicht im Umgang mit einer vorgespannten Flasche! Auch Sektflaschen sind leicht vorgespannt, um sie vor Verletzungen von außen zu schützen. Bestimmte Autoscheiben werden thermisch vorgespannt, um sie stabiler zu machen. Dabei kühlt man die glühende Glasfläche gezielt mit einem Luftstrom ab, um die gewünschte Vorspannung zu erhalten. Etwa dreifach höhere Belastung als normales Glas kann das thermisch vorgespannte Glas aushalten. Außerdem zerfällt bei einem Unfall dieses Glas in kleine Stücke. Große Scherben würden gefährliche Verletzungen hervorrufen. Die Größe dieser Glaskrümel läßt sich durch die Vorspannung bestimmen.

Übrigens, nur zum kleineren Teil unterstützt bei diesem Kunststück mit der Flasche die runde Form die Festigkeit gegenüber Einwirkungen von außen und die Anfälligkeit gegenüber Kräften von innen (s. K. 39).

6

Der verzauberte Glasstab

Das Kunststück:

Glas kann sehr fest sein – wie dieses Kunststück zeigt. Zwei Glasstäbe werden über Ständer gelegt. In der Mitte eines jeden Stabes hängt man Gläser auf. Werden nun Bleikugeln in die Gläser gefüllt, so zerbricht der eine Glasstab unter dem Gewicht, der andere hält jedoch das Gewicht des mit Bleikugeln vollgefüllten Glases leicht aus. Die beiden Glasstäbe bestehen aus dem gleichen Material. Bei dem einen Glasstab wurde jedoch die Oberfläche in Flußsäure getaucht. Flußsäure ist eine Lösung von Fluorwasserstoff in Wasser, die auch Glas angreift. Offenbar hat gerade das den Glasstab „stark" gemacht.

Das knoff-hoff:

Eigentlich ist Glas ein ziemlich festes Material – das liegt an der Anordnung der kleinsten Teilchen, der Moleküle, die das Glas bilden. Die Moleküle sind im Glas eng vernetzt – das gibt dem Glasstab seine Festigkeit.
Was das Glas so leicht zum Zerplatzen bringt, sind die mikroskopisch kleinen

Risse, die auf seiner Oberfläche zu finden sind. Glas platzt entlang diesen Rissen. Diese sind kaum zu vermeiden – allein schon der Kontakt mit den Gegenständen in der Umgebung verursacht diese Schäden auf der Oberfläche. Wie diese Risse wirken, weiß jeder; denn ein Glasschneider ritzt ja die Oberfläche vom Glas nur leicht an, beim entsprechenden Druck vertieft sich dieser Riß, das Glas kann so sauber in zwei Hälften zerlegt werden, wie die Aufnahme in 200facher Vergrößerung zeigt. Wird das Glas nicht

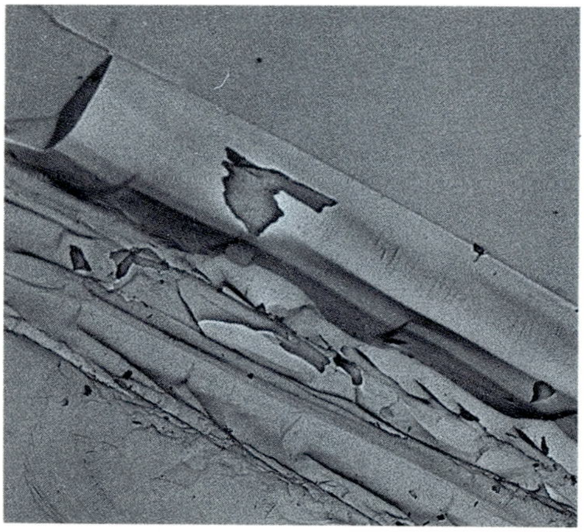

mit einem Schneider gezielt geritzt, spielen die auf der Oberfläche vorhandenen Zufallsrisse eine Rolle – das Glas bricht nicht wie gewollt.

Warum aber sind die mikroskopisch kleinen Risse auf der Oberfläche für die Festigkeit des Glases so wichtig? An der Spitze eines solchen mikroskopisch kleinen Risses konzentriert sich die Belastung von außen, wenn man versucht, den Glasstab zu biegen.

Hält das die Struktur – die Molekülbindung – an dieser Stelle nicht aus, so zerreißt sie. Der Riß wird größer – das Glas bricht. Vorstellen kann man sich das ungefähr so: Auf dem Foto ist ein Plexiglasstreifen mit einem großen, keilförmigen Riß zu sehen.

Zwischen zwei Polarisationsfiltern sind bei Belastung die Spannungslinien im Material sichtbar. Sie stellen die Kräfteverteilung kurz vor dem Zerbrechen dar. Wie man sieht, konzentrieren sie sich an der unteren Spitze des Risses. Hier ist die Belastung am größten, und an dieser Stelle wird der Streifen brechen.

Will man das Glas haltbarer machen, muß man die Risse verkleinern oder zum Verschwinden bringen. Entweder man füllt sie aus oder ätzt sie weg. Ohne diese Schäden an der Oberfläche ist das Glas einige hundertmal höher belastbar. Flußsäure greift ja Glas an. Wenn wir den Glasstab in die Flußsäure tauchen, werden die Risse auf der Glasoberfläche „entschärft" – der Glasstab nimmt dadurch an Festigkeit zu. Die Rißspitzen werden von der Säure „abgerundet". Deutlich machen kann man das wiederum mit einem großen Plexiglasstab. Im unteren Stab ist an der Rißspitze ein Loch gebohrt – der Riß also abgerundet. Unter Belastung wird deutlich, daß sich jetzt die Kräfte gleichmäßiger verteilen. Die Belastungskonzentration um die Rißspitze ist durch diesen Trick nicht mehr so groß. Der Stab hält mehr aus. In der Technik benutzt man manchmal dieses Verfahren. Mikroskopisch betrachtet, geschieht an unserem Glasstab durch die Flußsäure Vergleichbares. Durch Abstumpfen der Risse auf der Oberfläche wird der eine Glasstab stärker als der andere – deshalb ist das Kunststück mit den Bleikugeln möglich.

Tricks und Tips:

Äußerste Vorsicht im Umgang mit Flußsäure! Schon die Dämpfe sind giftig! Das Experiment gelingt nicht immer – vor allen Dingen muß man die

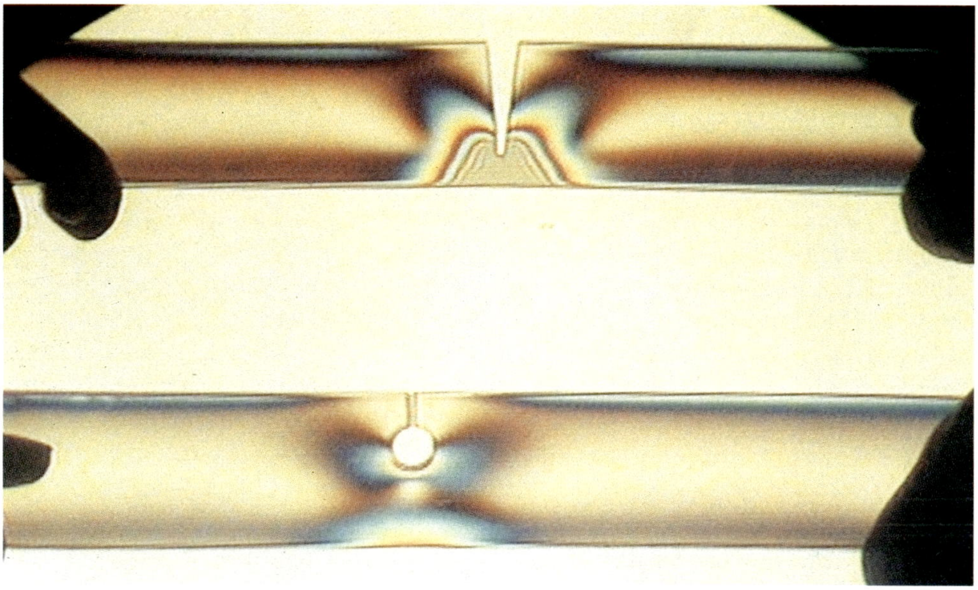

Bleikugeln vorsichtig einfüllen. Es gibt ja noch viele andere Einflüsse wie z. B. den inneren Aufbau des Glases oder die unterschiedliche Tiefe der Risse, die den Ausgang des Experiments bestimmen.

In der Technik versucht man unter anderem die Festigkeit von Glas durch Verminderung der Oberflächenrisse zu erhöhen. Die Glasoberfläche wird dazu mit Zinnoxid bedampft und danach mit Kunststoff beschichtet.

Warum bricht jedoch Metall nicht so leicht wie Glas? Auch Metalle haben mit Rissen zu kämpfen. Der Vorteil der Metalle ist, daß sie Risse besser ausgleichen können als andere Stoffe. Die Atome sind regelmäßig angeordnet. Es finden sich aber in dem Metallgitter Atomebenen, die frei beweglich und dadurch leicht verschiebbar sind. In der Metallstruktur können diese „Versetzungen" große Teile der von außen zugeführten Energie aufnehmen, indem sie hin und her gleiten. Sie verleihen dem Metall sein plastisches Verhalten. Aber auch die Metalle „ermüden" in dieser Fähigkeit. Das merken Sie am besten, wenn Sie einen Metallstreifen häufig hin und her bewegen, um ihn zu zerbrechen. Zunächst geht das sehr einfach – das Metall ist weich, d. h., die vielen frei beweglichen Atomebenen erlauben den Ausgleich der durch das Biegen entstandenen Schäden. Dann aber – kurz vor dem Zerbrechen – geht das Biegen etwas schwerer. Das Metall scheint an der vorgesehenen Bruchstelle plötzlich härter geworden zu sein. Die Versetzungen – die vorher frei beweglichen Atomebenen – haben sich ineinander verhakt. Das Metall hat keine Möglichkeit mehr, die

von außen kommende Energie so elegant abzufangen – es bricht. Außerdem wandern die frei beweglichen Atomebenen durch die äußere Beanspruchung an den Rand und ragen mit ihren freien Enden aus dem Metall heraus. Unter dem Mikroskop betrachtet, finden sich jetzt an der Oberfläche Stufen, an denen sich sehr schnell Risse ausbreiten. Diese Risse wachsen und werden auch für das Auge sichtbar – und das Metall bricht. Sind alle freien Atomebenen zum Rand abgewandert oder haben sich miteinander verhakt, so bleibt im Inneren eine feste und nicht mehr plastische Struktur – wie bei Kristallen – übrig. Die Biegeenergie muß jetzt von den Molekülbindungen vollständig aufgenommen werden, und das führt bei entsprechender Intensität zum Bruch. Erst durch Erwärmen des Metalls, d. h. durch heftiges Bewegen der Atomebenen, wird wieder der metallische Zustand, der so angenehm bruchfeindlich ist, erreicht. Deshalb werden z. B. Kupferröhren, nachdem sie in die entsprechende Form gebogen wurden – und dadurch vielleicht spröde Eigenschaften zeigen –, leicht erhitzt.

Mit Rissen müssen wir leben. Flugzeugteile aus Metall besitzen während ihrer ganzen Lebenszeit Risse. Sie werden sorgfältig beobachtet, und in Berechnungen wird vorhergesagt, wann es nicht mehr zu verantworten ist, dieses Metallteil im Flugzeug einzusetzen. Das ist das ganze Geheimnis einer Inspektion. Extreme Beanspruchung haben die Flügel der B 52 zu verkraften. Am Boden sind sie extrem nach unten gebogen – erst in der Luft nehmen sie durch den Auftrieb eine „normale" Stellung ein. Aber das ist auch von der Beladung des Flugzeugs abhängig. Durch diese Elastizität der Flügel können diese sehr hoch belastet werden. Auch normale Passagierflugzeuge schwingen in Turbulenzgebieten stark mit ihren Flügeln. Man sucht immer neue Legierungen, die bei diesen Belastungen nicht so rasch „ermüden" und die unvermeidlichen Risse über einen längeren Zeitraum immer wieder „heilen".

7

Eine Kerze anschießen

Das Kunststück:

Ein erbsengroßes Stück weißer Phosphor wird in etwas Schwefelkohlenstoff gelöst. Danach tränken Sie einen Kerzendocht in der Lösung. Aus einigen Metern Entfernung schießen Sie jetzt mit einer Schreckschußpistole auf den Docht – die Kerze beginnt zu brennen.

Das knoff-hoff:

Weißer Phosphor ist leicht entzündlich. Schon bei 50 °C ist die Selbstentzündung zu beobachten. Der Schwefelkohlenstoff verdunstet sehr schnell, so daß nach kurzer Zeit nur noch Teilchen aus weißem Phosphor am Docht zu finden sind. Die Druckwelle, die von der Pistole ausgeht, ist heiß und verursacht beim Auftreffen auf den Docht eine Temperaturerhöhung, die ausreicht, den weißen Phosphor und damit den Kerzendocht zu entzünden.

Tricks und Tips:

Weißer Phosphor ist äußerst gefährlich. Er entzündet sich leicht und wird deshalb unter Wasser aufbewahrt.

Weißer Phosphor löst sich leicht in Schwefelkohlenstoff, der nun wiederum auch sehr giftig ist. Äußerste Vorsicht ist also bei diesem Kunststück geboten. Eine Variation bietet die folgende Anordnung der Kerzen. In der vorderen Position steht eine nicht präparierte, aber brennende Kerze. Dahinter wird eine mit weißem Phosphor getränkte Kerze gestellt. Beim Schießen auf die Kerze verlöscht durch die Druckwelle die vordere Kerzenflamme – die hintere jedoch entzündet sich. Ein Schuß, bei dem jeder Zuschauer verblüfft ist.

8

Das Ei in der Flasche

Das Kunststück:

Wie bringt man ein geschältes gekochtes Ei unbeschädigt in eine Flasche? Wer es hineindrückt, wird wenig Erfolg haben – das Ei reißt auf. Streichhölzer helfen bei diesem Kunststück. Ein brennendes Streichholz wird in die Flasche geworfen, das Ei mit der spitzen Seite auf die Öffnung gesetzt, und das Ei drückt sich „von selbst“ in die Flasche hinein. Besser noch geht es, wenn die Flasche vorher mit Alkohol (Brennspiritus) ausgespült wird. Die Flamme brennt dann länger, und das Ei rutscht viel schneller in die Flasche.

Das knoff-hoff:

Das Streichholz und der Alkohol in der Flasche verbrennen. Die Luft in der Flasche dehnt sich aus und kann zwischen der Flaschenwand und dem locker aufgesetzten Ei entweichen. Wenn die Flamme verlöscht, kühlt die verbliebene Luft ab und zieht sich zusammen. In der Flasche ist jetzt weniger Luft enthalten – das Ei verschließt die Flasche und rutscht immer tiefer in sie hinein; denn der Luftdruck außen ist größer als der Gegendruck der Restluft in der Flasche. Oder, andersherum betrachtet, das Ei wird in die Flasche gezogen.

Tricks und Tips:

Die Flasche muß nach dem Einfüllen des Alkohols wieder sorgfältig geleert werden. Zuviel Alkohol läßt die Flamme verlöschen – oder es gibt einen gefährlichen Flammenstoß nach oben. Wichtig ist auch: Das Ei sollte nur mittelweich gekocht werden, also nur zirka fünf Minuten lang. Ein hartgekochtes Ei ist für dieses Kunststück nicht elastisch genug. Und bei einem zu weichen (also weniger als fünf Minuten) gegarten Ei würde die Außenschicht bei dem Versuch mit großer Wahrscheinlichkeit zerreißen.

Die Flasche sollte einen etwas breiteren Hals haben: Etwa zwei Drittel des Durchmessers vom Ei sind gerade recht. Besorgen Sie sich am besten eine Milchflasche.

9

Rauch in der Flasche – was dann?

Das Kunststück:

In eine Flasche wird mit einem Strohhalm Zigarettenrauch geblasen, bis er relativ dicht in der Flasche steht. Wie bekommt man den Rauch aber wieder aus der Flasche? Schütteln hilft hier wenig – der Rauch bleibt weiterhin in der Flasche. Ein brennendes Streichholz jedoch, in die Flasche geworfen, wirkt Wunder. Der Rauch wird aus der Flasche getrieben. Noch erstaunlicher ist dieser Effekt, wenn die Flasche vorher mit Alkohol (Brennspiritus) ausgespült wurde (s. K. 8).

Der Rauch verschwindet so schnell aus der Flasche, daß der Vorgang mit dem Auge kaum zu beobachten ist.

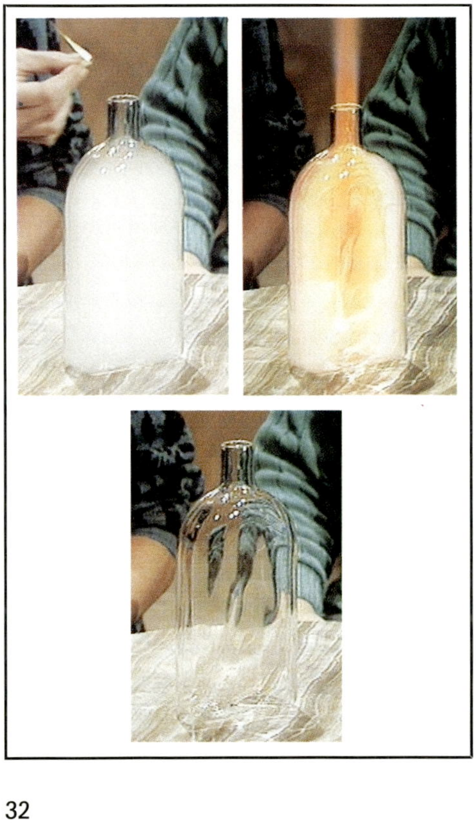

Das knoff-hoff:

Das Streichholz und der Alkohol verbrennen, die Luft wird erwärmt und dehnt sich aus – sie entweicht aus der Flasche und reißt die Rauchteilchen mit. In der Zeitlupenaufnahme ist gut zu sehen, wie sich die warme Luft in der Nähe der Flamme nach allen Seiten ausdehnt und dann wie im Nu den Rauch aus der Flasche drückt.

Tricks und Tips:

Es sind dieselben Vorsichtsmaßnahmen wie beim Kunststück 7 zu beachten. Nur eine gut durchsichtige Flasche macht den Trick eindrucksvoll. Wichtig ist es, gerade die richtige Menge Alkohol in die Flasche zu bringen. Dazu wird die Flasche nur mit Alkohol ausgespült. Nur die Dämpfe des Alkohols werden ja verbrannt – Tropfen oder gar eine kleine Alkoholschicht am Boden stören dabei nur.

10

Segeln ohne Wind

Das Kunststück:

Stellen Sie sich vor, Sie befinden sich mit einem Segelboot mitten auf einem See, es ist absolut windstill, und Sie haben unglücklicherweise keine Ruder mit dabei. Ein Alptraum für jeden Segler, der sich die Situation ja hin und wieder ausmalt und oft zu unglaublichen Lösungen kommt.
Eine davon ist der Vorschlag, einfach kräftig in das Segel zu blasen.
Ist es nun möglich, mit dieser Methode ans Ufer zu gelangen?

Das knoff-hoff:

Die Antwort ist – so erstaunt Sie auch sein werden – ja. Vorausgesetzt, Ihre Puste ist stark genug. Klar ist, daß sich das Boot fortbewegen würde – theoretisch zumindest –, wenn Sie nach hinten pusten. Das ist genauso wie bei einem Raketenantrieb – da werden ja auch Teilchen nach hinten weggetrieben, und die Rakete bewegt sich nach vorne. Oder: Wenn Sie einen aufgeblasenen Luftballon loslassen, schießt er nach vorne, die eingeblasene Luft strömt in die andere Richtung. Dahinter steckt der Impulssatz, der in diesen speziellen Fällen lautet, daß die Masse multipliziert mit der Geschwindigkeit der herausströmenden Teilchen gleich der Masse des Behälters multipliziert mit seiner Geschwindigkeit – jedoch entgegengesetzt gerichtet – ist. Wenn also viele Teilchen, viele Luftmoleküle oder Treibstoffgase, nach hinten wegströmen, werden sich auch der Luftballon oder die Rakete schnell in die entgegengesetzte Richtung bewegen. Haben diese Teilchen auch noch eine hohe Ausströmungsgeschwindigkeit – um so besser. Die Rakete oder der Luftballon bewegen sich noch schneller weg. Genauso funktioniert ja auch ein Düsenflugzeug. Luftteilchen werden durch den verbrennenden Treibstoff nach hinten weggeschleudert, und das Düsenflugzeug bewegt sich nach vorne. Wie sieht es aber aus, wenn Sie in das Segel hineinblasen?

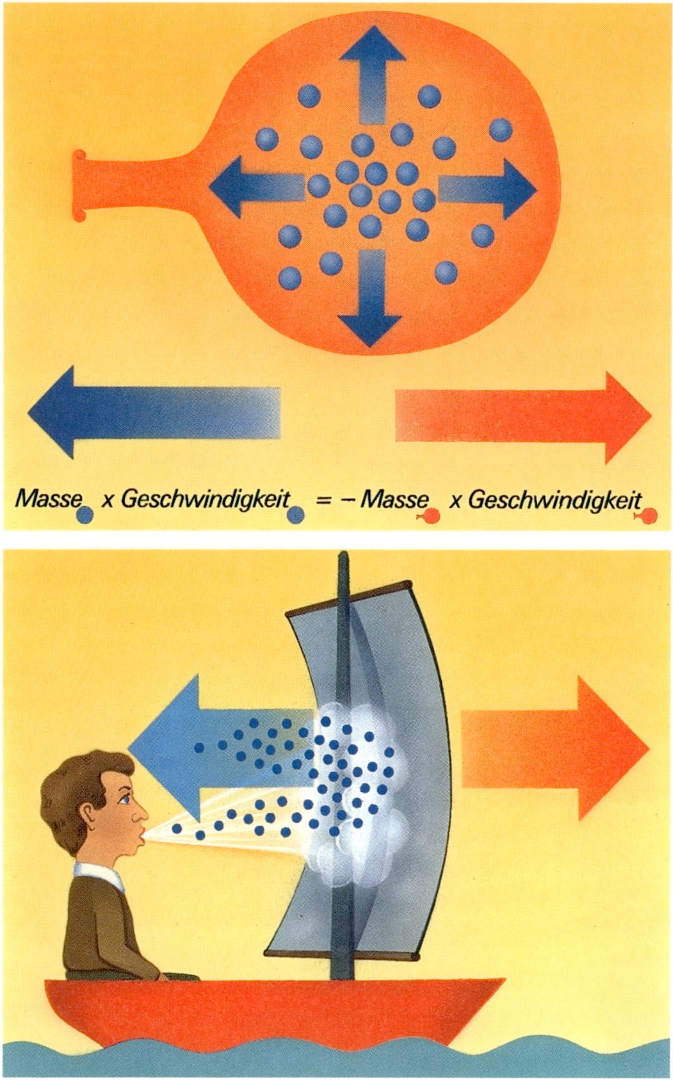

Die Situation bei einem Luftballon. Die Luftteilchen strömen nach links, der Ballon bewegt sich dadurch nach rechts. Mit der Gleichung kann die erreichbare Geschwindigkeit ausgerechnet werden.

Setzen wir einmal ideale Bedingungen voraus – z. B. ein starres Segel und keine Störungen durch das Einatmen der Luft –, so werden die hinausgeblasenen Luftteilchen an der Segelwand reflektiert und schießen nach hinten weg. Von außen betrachtet, bewegen sich also Luftteilchen nach hinten weg, und das Schiff bewegt sich nach vorne. Es ist also möglich, im eigenen Boot zu sitzen und sich vorwärts zu blasen.

Tricks und Tips:

Der Effekt ist äußerst klein, weil ja die Masse der Luftteilchen und ihre Geschwindigkeit gering sind. Anders sieht es schon aus, wenn wir dieses Kunststück mit einem Modellboot und einer darauf installierten Wasserpumpe machen. Die Masse des auf das Segel geschossenen Wassers reicht aus, um das leichte Modellboot nach vorne zu treiben. Prinzipiell funktioniert also dieses Kunststück.

In der Technik wird dieser Effekt – für jeden sichtbar – von Düsenflugzeugen benutzt – dann nämlich, wenn sie abgebremst werden müssen. Sobald die Räder Bodenkontakt haben, werden an den Düsen Umlenkbleche herausgefahren, die den Luftstrom der Düsen in die entgegengesetzte Richtung lenken. Der Effekt: Das Flugzeug bekommt einen Impuls entgegen der Fahrtrichtung – es wird abgebremst wie im Bild bei der B 737. Andere Flugzeugtypen lenken den Luftstrom durch Vorrichtungen innerhalb der Ummantelung des Triebwerks um.

11

Wie man die Schwerkraft überlisten kann

Das Kunststück:

Eine Büchse rollt normalerweise eine Schräge hinunter. Mit einem Trick kann sie aber auch bergauf rollen. Dem erwartungsvollen Zuschauer wird nur die geschlossenen Seite der geöffneten Konservendose gezeigt. In der leeren Konservendose ist ein Stein oder Magnet festgeklebt. Die Büchse wird so auf die Schräge gesetzt, daß sich das Gewicht gerade etwas über

dem oberen Scheitelpunkt befindet. Die Büchse rollt dann nach dem Loslassen nach oben.

Das knoff-hoff:

Der Stein wirkt in dieser Position wie ein Hebel, der die Büchse nach oben bewegt. Der Schwerpunkt des Systems liegt im Bereich des angeklebten Steins. Die Büchse will mit ihrem Gewicht in eine stabile Lage kommen, d. h. mit dem Schwerpunkt ein Energieminimum erreichen. Am leichtesten ist das hier durch das Abrollen nach oben möglich. Wenn man Glück hat, wird die Büchse eine Dreivierteldrehung nach oben machen und dann zurückschwingen. Das ist von der Größe des Steins abhängig. Gut ist es, wenn die schiefe Ebene nach dieser

Dreivierteldrehung aufhört und die Büchse herunterfällt – anders ist der Trick allzu leicht zu durchschauen.

Tricks und Tips:

Anstelle des Steins kann man auch Magneten befestigen – das hat den Vorteil, daß bei einer eventuellen Inspektion durch den verblüfften Zuschauer der Magnet vor der Übergabe aus der Büchse unbemerkt entfernt werden kann.

Wer mehr Spaß bei solchen Kunststücken mit dem Schwerpunkt haben will, kann sich auch einmal an der auf dem Foto gezeigten „unmöglichen Konstruktion“ versuchen.

Beim näheren Hinschauen werden Sie bemerken, daß der Schwerpunkt die-

ses Systems im Bereich des Glasrandes liegt – trotz der erstaunlichen Anordnung.

12

Eisen brennt – und wie

Das Kunststück:

Ein Eisennagel brennt nicht. Eisenpulver jedoch verbrennt sehr leicht – übrig bleibt Rost. Sollten Sie kein Eisenpulver zur Hand haben, so tut es auch Stahlwolle, wie sie zum Reinigen von Töpfen benutzt wird. Die Stahlwolle, in eine Kerzenflamme gehalten, verbrennt relativ schnell.

Das knoff-hoff:

Wenn Eisen sich mit dem Sauerstoff der Luft verbindet – wenn es also rostet –, wird Wärme frei. Das kann man mit feinem Eisenpulver besonders eindrucksvoll sichtbar machen. Das Eisenpulver ist unter einer Kohlendioxidatmosphäre in einem zugeschmolzenen Glas aufbewahrt. Wird das Glas aufgebrochen und in der Luft ausgeschüttet, so entzündet sich das Eisenpulver beim Kontakt mit dem Luftsauerstoff selbst und fällt glühend zu Boden – übrig bleibt der braune Rost, das Eisenoxid. Auch beim Kunststück mit der Stahlwolle ist die Oxidation die Ursache für das Verbrennen. Einmal gezündet, verbinden sich immer mehr Eisenteilchen mit dem Sauerstoff – dabei wird Wärme frei. Warum klappt das aber nicht bei

Sauerstoffteilchen treffen auf die kompakte Oberfläche eines Eisennagels.

Mit den feinen Teilchen des Eisenpulvers kommt der Sauerstoff viel leichter in Kontakt.

einem Eisennagel? Den Eisennagel kann man sich als gepreßtes Eisenpulver vorstellen. Die Oberfläche reagiert zwar sofort mit dem Luftsauerstoff, dann aber kann dieser nur sehr langsam ins Innere vordringen. Eine schnelle Folge von Oxidationen, wie sie für das Verbrennen notwendig ist, baut sich nicht auf. Beim Stahlschwamm gelingt das schon besser – er hat eine lockere Struktur –, und beim Eisenpulver sind die Bedingungen nahezu perfekt für eine „Kettenreaktion" mit dem Sauerstoff aus der Luft. Die Oxidation des Eisens, bei der Wärme frei wird, benutzt man zur Herstellung von Wärmebeuteln. Das Eisenpulver wird durch Zusätze in der Oxidation verlangsamt, so kann man sich über Stunden die Hände wärmen.

Tricks und Tips:

Wenn Sie ein Streichholz in Dieselöl tauchen, so verbrennt es nicht. Füllt man aber das Dieselöl in einen Zerstäuber – z. B. wie er aus Metall beim Blumengießen benutzt wird – und zerstäubt das Öl über der Kerzenflamme, so verbrennt es heftig. Vorsicht bei diesem Experiment! Durch das feine Zerstäuben findet jedes Dieseltröpfchen den für die Verbrennung notwendigen Sauerstoff: Es sind Bedingungen wie in einem gut eingestellten Dieselmotor. Ein Feuerspucker benutzt übrigens das gleiche Prinzip. Er füllt die Mundhöhle z. B. mit Petroleum und zersprüht es beim Ausspucken in feinste Tröpfchen, die er dann leicht mit der Flamme seiner Fackel anzünden kann. Eine ziemlich ungesunde Angelegenheit. Der Feuerspukker in unserem knoff-hoff-Studio spuckt Feuer mit Staub, genauer gesagt, mit Bärlappsamen, den er fein verteilt in die Flamme bläst. In den Momentaufnahmen ist gut zu sehen, wie der Samenstaub schnell verpufft, wenn er die Flamme erreicht.

Daß Staub, z. B. Mehl, sehr heftig verbrennen kann, ist relativ unbekannt. Auch hierbei ist der Trick, die feinen Mehlteilchen möglichst inten-

siv in Kontakt mit dem Luftsauerstoff zu bringen – dann läuft die Verbrennung sehr schnell ab. In unserem Kunststück haben wir Stärke in einem Trichter untergebracht und über einen Schlauch mit einem Blasebalg verbunden. Auf dem Boden steht eine brennende Kerze. Das alles ist von einem Glaszylinder umgeben und wird mit einem aufgelegten Pappdeckel verschlossen.

Drückt man auf den Blasebalg, so wird die Stärke fein zerstäubt. Der Kontakt mit dem Luftsauerstoff ist intensiv, und die Kerzenflamme kann jetzt die Kettenreaktion der Verbrennung zünden. Die erhitzte Luft dehnt sich schlagartig aus und wirbelt den Pappdeckel in die Luft. Diese „Staubexplosionen" sind keine Spielereien. Jedes Jahr gibt es Unfälle in Mühlen oder überall da, wo mit feinem Staub umgegangen wird. Gezündet wird der Staub nicht etwa durch offene Flammen, vielmehr kann es durch das Umfüllen großer Staubmengen zu einer Trennung von elektrischen Ladungsträgern kommen. Das ist vergleichbar mit der Aufladung beim Laufen über einen Teppichboden (s. K. 50). Die elektrischen Ladungen bilden beim Abfließen eine Funkenstrecke. Dieser Funken reicht zur Zündung des Staubgemisches aus.

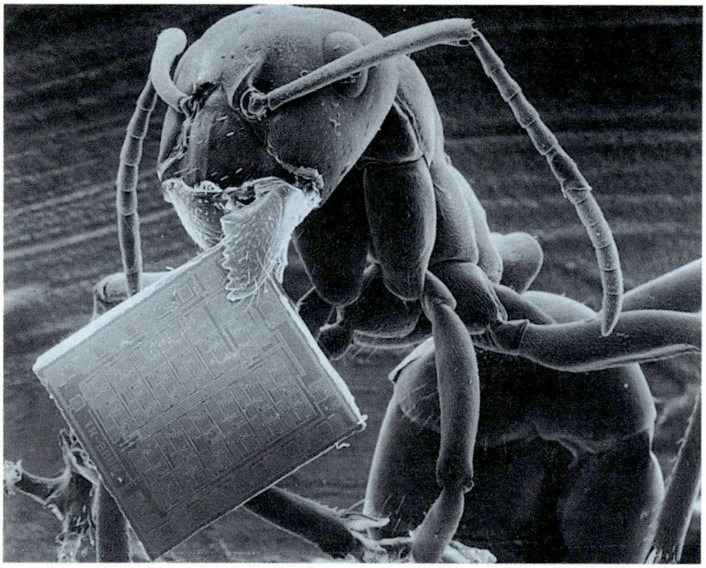

Aufnahmen mit einem Elektronenmikroskop:
Eine Ameise hält einen Halbleiterchip zwischen ihren Zangen (80fache Vergrößerung).

Zinn wurde hier auf Aluminium aufgedampft. In der 1000fachen Vergrößerung sind die Zinnkügelchen zu erkennen.

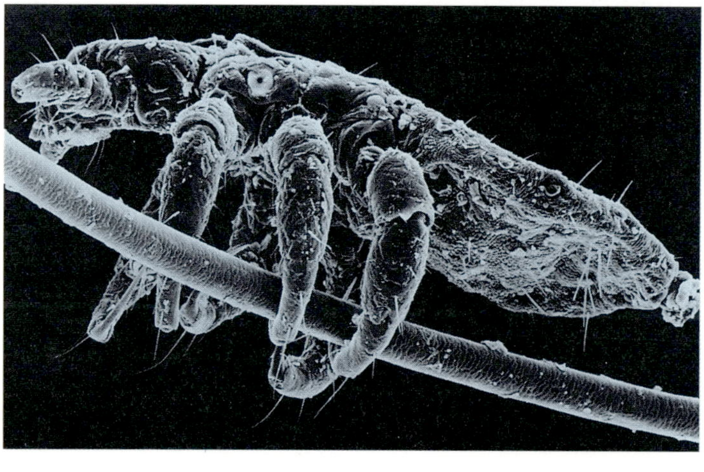

Eine Kopflaus auf einem Menschenhaar (30fache Vergrößerung)

13

Mit Erbsen sehen

Das Kunststück:

Warum ein Elektronenmikroskop besser vergrößert als ein Mikroskop, das mit Licht arbeitet, macht dieses Kunststück plausibel. Bei einem Elektronenmikroskop werden statt Licht Elektronen auf das zu betrachtende Objekt geschossen. Aber auch mit Erbsen und Grieß kann man etwas abbilden. Dazu nehmen wir ein Holzgitter und schütten auf die eine Hälfte getrocknete Erbsen und auf die andere feinen Grieß. Wird das Gitter hochgehoben, so kann man die Struktur noch ganz gut erkennen. Allerdings ist bei der Abbildung mit den Erbsen die Kontur des Holzgitters nur recht verschwommen zu erkennen – beim Grieß ist die Gitterstruktur weitaus besser zu sehen. Offensichtlich „verrollen" die großen Erbsen beim Abheben des Gitters stärker als die Grießkörner – der größere Durchmesser der Erbsen gegenüber dem Grieß spielt bei dieser Art des „Sehens" eine Rolle.

Das knoff-hoff:

Wird ein Objekt von Licht oder von Elektronen getroffen, so ist es so, als ob Erbsen oder feine Grießkörner den zu vergrößernden Gegenstand „durchleuchten". Auch Licht kann man sich physikalisch als Teilchen vorstellen. Lichtteilchen besitzen eine größere Ausdehnung als Elektronen. Sie können deshalb etwas weniger scharf abbilden als die Elektronen. Die größere Ausdehnung der Lichtteilchen gegenüber den Elektronen läßt die Abbildung verschwimmen. Das ist ein Grund dafür, daß man mit Hilfe eines Elektronenmikroskops eine bessere Auflösung der Strukturen erreichen kann – also Kleines noch größer sehen kann. Das Auflösevermögen ist wichtig beim Sehen. Es beschreibt, unter welchen Bedingungen man noch z. B. zwei Linien oder zwei Punkte unterscheiden kann. Liegen die Linien zu dicht nebeneinander, so verschwimmen sie – sie fließen ineinander – die Grenze des Auflösevermögens ist erreicht. Das Kunststück mit den Erbsen und dem Grieß demonstriert das unterschiedliche Auflösevermögen von Licht und Elektronen. In den kleinen Dimensionen der Atome und Moleküle arbeitet man mit Ångström-Einheiten. 1 Ångström ist der zehnmillionste Teil eines Millimeters (10^{-7} mm). Ein Atom mit seiner Ausdehnung der verschiedenen Elektronen hat einen Durchmesser von etwa 2 Ångström. Mit dem bloßen Auge kann man gerade noch Teilchen sehen, deren Durchmesser etwa 500 000 Atomen aneinandergereiht (1/10 mm) entsprechen. Die kleinsten Teilchen, die man mit einem Lichtmikroskop sehen kann, haben einen Durchmes-

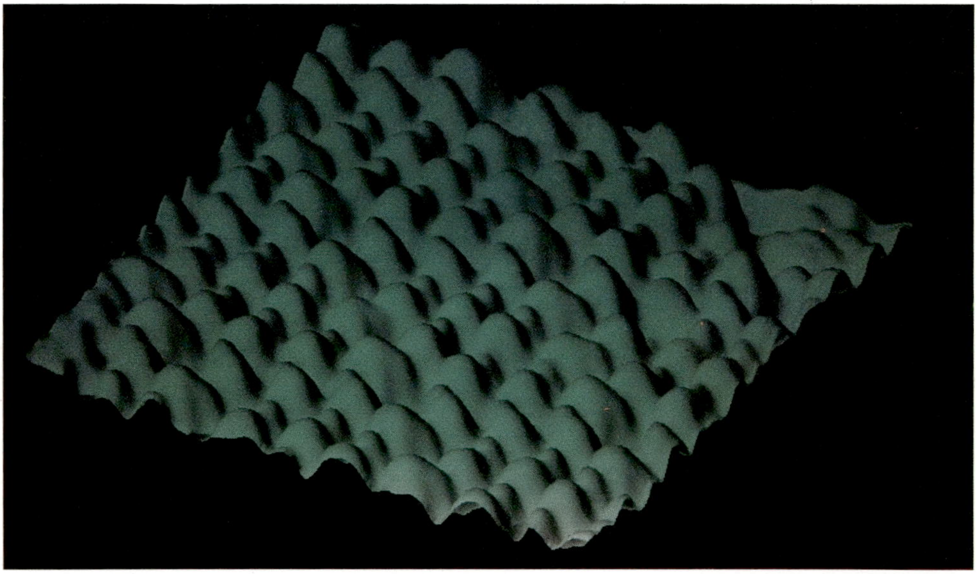

ser von etwa 2000 Atomen (1/2500 mm). Das Auflösevermögen liegt in derselben Größenordnung. Mit dem besten Mikroskop auf elektrischer Basis kann man einzelne Atome sehen. Die Aufnahme links oben zeigt die Oberfläche von Graphit. Jede einzelne Ausbuchtung stellt ein Atom dar. Die Unregelmäßigkeiten liegen in der Methode der Aufnahme. Benutzt wurde ein spezielles Mikroskop (Rastertunnelmikroskop), für dessen Entwicklung 1986 der Nobelpreis verliehen wurde. Aufregend ist auch das Foto darunter: Es zeigt eine rauhe Siliziumoberfläche. Dabei wurden die Informationen des Mikroskops durch den Computer aufbereitet. Einzelne Siliziumatome sind an den Kanten und auch an den Flächen deutlich zu erkennen. Die Fläche hat eine Ausdehnung von 100 nm × 100 nm. Die Höhendifferenz beträgt ca. 3 nm. 1 nm ist der einmilliardste Teil (10^{-9}) eines Meters.

Das Auflösevermögen eines Elektronenmikroskops ist 1000mal besser als das eines Lichtmikroskops. Es liegt bei etwa 2 Ångström. Nicht immer ist es das Ziel in der Mikroskopie, allein das Auflösevermögen zu steigern – oder hohe Vergrößerungen zu erreichen. Je nach Ziel der Untersuchungen sind auch noch andere Eigenschaften der Mikroskope wichtig.

Tricks und Tips:

Wir können Elektronen nicht sehen, deshalb muß man beim Elektronenmikroskop die Bildinformation, die ja in Elektronenform vorliegt, in ein für uns sichtbares Medium – in Licht – umwandeln. Das macht man mit bestimmten Substanzen – wie sie z. B. auch auf der Innenseite eines Fernsehbildschirms zu finden sind; denn da werden ja auch Informationen, die im Elektronenstrahl vorhanden sind, in für uns sichtbares Licht umgewandelt. Das Objekt wird deshalb von dem Elektronenmikroskop auf einem Fernsehschirm abgebildet. Elektronen stoßen schon nach einer kurzen Strecke durch die Luft mit den Luftmolekülen zusammen. Deshalb kann ein Elektronenmikroskop nur im Vakuum arbeiten – das bestimmt auch die Auswahl der Objekte. Lebende Organismen kann man deshalb nicht betrachten. Licht wird mit Linsen aus Glas gebündelt und in seinem Weg so verändert, daß man damit ein Bild vergrößern kann. Beim Elektronenmikroskop übernehmen das stromdurchflossene Spulen, die Elektronen durch Magnetfelder beeinflussen.

Wenn Sie einen alten Fernsehapparat haben, den Sie nach dem Experiment nicht mehr unbedingt brauchen, können Sie das mit einem Magnet leicht ausprobieren. Der Magnet, an die Frontscheibe gebracht, beeinflußt das Bild – quetscht oder verzerrt es. Der Elektronenstrahl wird durch das Magnetfeld abgelenkt.

Die Möglichkeit der schärferen Abbildung durch einen Elektronenstrahl wird heute auch auf einem anderen

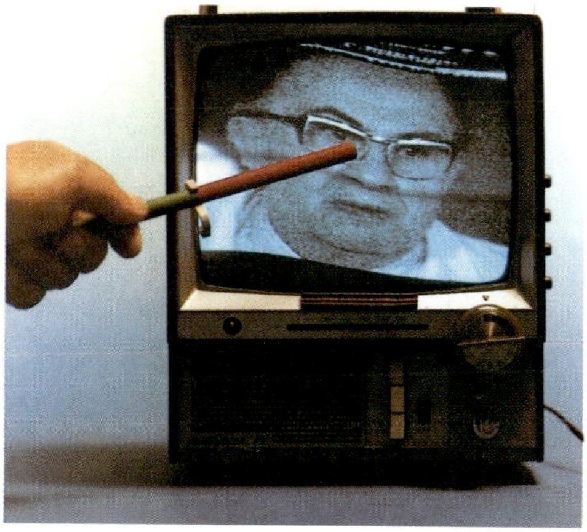

Gebiet ausgenutzt – der Chip-Herstellung. Auf einem elektronischen Chip sind ja Millionen von Schaltelementen untergebracht. Ziel ist es, diese Elemente ziemlich dicht zu packen, um die Schaltkreise schneller zu machen. Diese feinen Chipstrukturen befinden sich auf einer Fotomaske. Mit Licht wird diese Struktur auf den kleinen Chip projiziert, der mit einer lichtempfindlichen Schicht belegt ist. Beim anschließenden Ätzprozeß reagiert die belichtete Fläche anders als die unbelichtete, so daß damit das Schaltbild auf das Halbleiterplättchen gebracht werden kann. Schon heute sind die Chipstrukturen so fein, daß sie der Wellenlänge des sichtbaren Lichtes entsprechen. Das Auflösevermögen ist von der Wellenlänge abhängig, die wiederum die Größe der auftreffenden Energie (Erbse oder Grieß) beschreibt. Bildet man die Maske mit Licht ab, so müssen die Abstände der Leiterbahnen von vornherein größer gewählt werden, weil es ja zu Unschärfen wie bei unserem Kunststück mit den Erbsen kommt. Mit Elektronen wird jedoch die Abbildung besser – die Strukturen können

Die Maske wird von Elektronen und Lichtteilchen unterschiedlich „scharf" abgebildet.

Mikrostruktur eines Megabit-Chips

dichter gepackt werden. Auch mit Röntgenstrahlen ist eine engere Anordnung der Chipstrukturen möglich, weil sie eine kürzere Wellenlänge als das sichtbare Licht haben. Im Mikrokosmos ist es also wichtig, darauf zu achten, womit man sieht, um klar zu sehen. Bei Mikroskopen ist man nicht immer mit dem sichtbaren Licht zufrieden. Kürzere Wellenlängen als das sichtbare Licht und damit bessere Auflösung haben z. B. Ultraviolett- oder Röntgenstrahlen. Solche Mikroskope sind auch technisch realisiert. Selbst mit Ultraschallwellen betreibt man Mikroskopie. Gearbeitet wird im Mikrowellenbereich – das Auflösevermögen ist deshalb schlechter als beim sichtbaren Licht. Aber es gibt Anwendungen, bei denen die anderen Eigenschaften der Ultraschallwellen für die Untersuchung wichtig sind.

14

Mit Nägeln fotografieren

Das Kunststück:

Eine Metallplatte wird in regelmäßigen Abständen durchbohrt, und in die Löcher werden Stahlnägel gesteckt. Der Durchmesser der Bohrlöcher muß so groß sein, daß die Nägel ungehindert hin und her gleiten können. Die Platte wird auf vier Stäbe gestellt und befestigt. Jetzt kann man von unten mit der Hand die Nägel hochschieben. Die hochgeschobenen Nägel liefern ein Reliefbild der Hand.

Das knoff-hoff:

Dieses Kunststück ist ganz eng mit moderner Technik verbunden. Fernsehkameras haben bis jetzt Röhren benutzt, um Aufnahmen zu machen. Dabei trifft Licht auf eine empfindliche Schicht – da, wo viel Licht auftrifft, werden viele elektrische Ladungen frei. Ein Elektronenstrahl tastet die umgewandelte Bildinformation ab, und diese Signale werden dann weiterverarbeitet. Ein Nachteil dieser

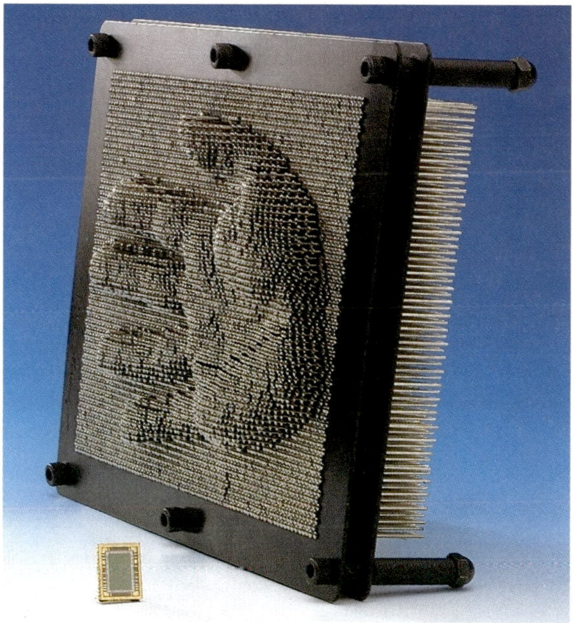

Trifft Licht auf die Halbleiterpunkte, so werden Elektronen frei. Das „G" wird dadurch auf dem Halbleiterchip in einem „Elektronenchip" gespeichert.

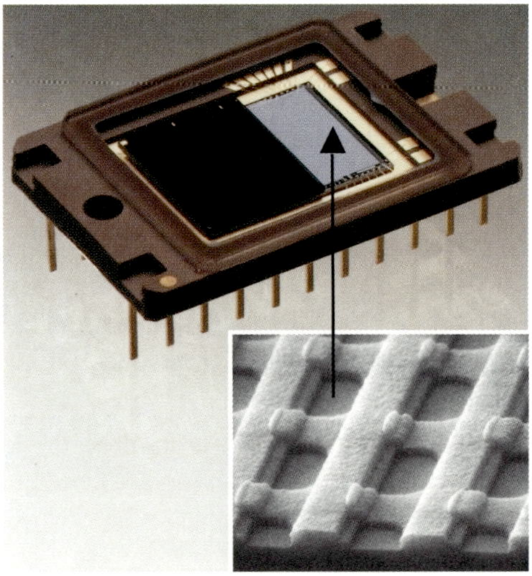

Vergrößerung der Bildpunkte auf einem CCD-Chip

Röhrenkamera ist ihre Größe, denn der Elektronenstrahl braucht eine bestimmte Mindestweglänge, um kontrollierbar zu sein. Nun gibt es auch Halbleiter, denen diese Umwandlung – Licht in Elektronen – gelingt. Damit ist eine Kamera viel kompakter zu bauen. Diese Halbleiter werden mikroskopisch klein nebeneinander angeordnet. Sie entsprechen den Bildpunkten einer Abbildung.

Trifft viel Licht auf den Halbleiterpunkt, so werden viele Elektronen frei – trifft wenig Licht auf den Halbleiter, so werden wenig Elektronen frei. Damit können die Hell-Dunkel Werte eines Bildes aufgezeichnet werden. Der Vorteil dieser Halbleiteranordnung ist, daß man die Elektronen von der Bildplatte direkt abziehen – auslesen – kann und elektronisch weiterverarbeitet. Prinzipiell ist dieses System vergleichbar mit einem Fotopapier, denn auch hier sind es mikroskopisch kleine Körner, die auf das auftreffende Licht reagieren. Bei dem Halbleiter (einem sogenannten CCD-Chip, d. h. charge coupled device) ist alles nur etwas komplizierter, weil ja die Information, die ein bestimmter Bildpunkt erhalten hat, beim Weiterverarbeiten immer wieder auffindbar sein muß. Dieses Zauberwerk liefert eine entsprechend aufgebaute Elektronik. Selbstverständlich wird das Bild um so deutlicher sein, je mehr Bildpunkte, d. h. Halbleiterelemente, auf der Bildplatte untergebracht sind. Ein grobkörniges Bild ist schlechter als ein feinkörniges.

Um das besser zu verstehen, ist das Kunststück mit dem Nagelbrett hilfreich. Bringen Sie nur wenige Nägel auf dem Brett unter, so wird die Abbildung der Hand schwerer zu erkennen sein. Bohren Sie viele Löcher und benutzen dünne Nägel, so ist das Bild Ihrer Hand nahezu perfekt. Diese bessere Auflösung durch mehr Bildpunkte (s. K. 13) ist zwar wünschenswert, bereitet jedoch den Herstellern solcher CCD-Chips Schwierigkeiten – die Ausfallraten sind groß, denn nur **eine** nichtfunktionierende Bildpunktreihe verhindert ein perfektes Bild. Zur Zeit besitzen verkäufliche CCD-Chips etwa 380 000 Bildpunkte. Für ein farbiges Bild werden allerdings je drei Punktreihen benötigt. Sie reagieren auf drei Grundfarben, die zusammen Weiß ergeben. Dadurch verkleinert sich das Auflösevermögen.

Tricks und Tips:

Auch ein Fotoapparat kann mit einem solchen CCD-Chip ausgerüstet werden. Zur Verfügung steht dann eine Abbildung im Elektronenbild. Nicht etwa Hell und Dunkel, sondern mehr oder weniger Elektronen machen das Bild aus. Diese Bilder können im Computerspeicher gesammelt werden. Weil sie so computergerecht vorliegen, ist es selbstverständlich möglich, die komplette Computertechnik zu benutzen. Mit den entsprechenden Rechenprogrammen können die aufgenommenen Bilder verändert werden. Zum Beispiel in den Farben oder im Bildaufbau. Im Foto sind die Köpfe vertauscht. Über einen Farbdrucker ist dieses elektronische Bild auch wieder zu Papier zu bringen. Bis jetzt sind diese Systeme sehr teuer. Übrigens, auch die modernen Tricks in der Fernsehtechnik funktionieren über eine solche Speicherung des Bildinhaltes in Computerchips. Wenn sich Bilder drehen, kippen, zusammenrollen oder andere verrückte Dinge tun, dann steckt der Computer dahinter.

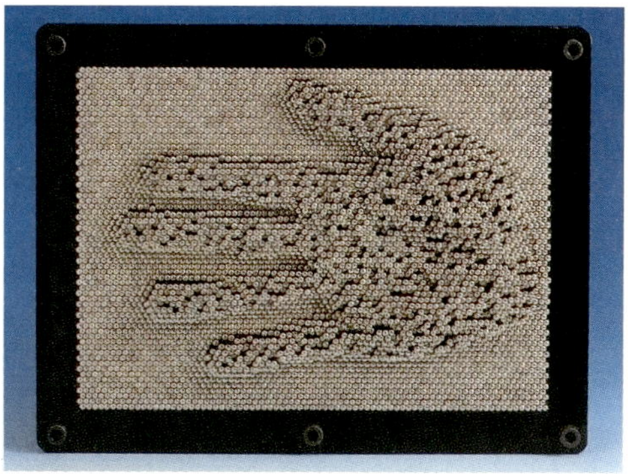

Mit weniger Nägeln ist die Abbildung grobkörniger.

Die Trickdarstellung zeigt ein im Halbleiterchip gespeichertes Fernsehbild. In Wirklichkeit handelt es sich dabei allerdings um eine für uns unsichtbare Elektronenverteilung.

Liegt die Bildinformation erst einmal in computergerechter Form vor, können leicht solche Veränderungen manipuliert werden.

15

Warum der Tropfen rund ist

Das Kunststück:

Öl schwimmt auf dem Wasser. Wird das Wasser jedoch mit Alkohol gemischt, so sinkt das Öl ein, und beim richtigen Verhältnis schwebt das Öl in dem Alkohol-Wasser-Gemisch. Ein Teil Wasser und ein Teil Brennspiritus sind ein guter Beginn für diesen Trick. Die Feineinstellung, d. h. wieviel Wasser oder Alkohol hinzugegeben werden muß, hängt selbstverständlich auch von der Dichte des Öls und der Temperatur ab. In die Anfangsmi-

Mit einem Draht kann man aus einem Tropfen viele machen.

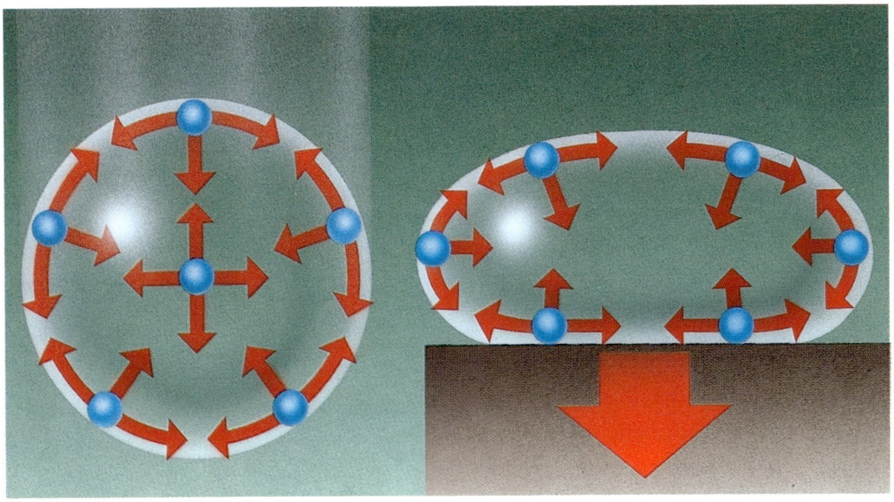

Kräfteverteilung in einem schwebenden und aufliegenden Tropfen

schung läßt man an einem Glasstab langsam etwas Öl laufen. Das Öl geht sofort in eine runde Form über. Bei der richtigen Alkohol-Wasser-Mischung beginnt der Tropfen zu schweben.

Das knoff-hoff:

Eine Flüssigkeit besteht aus kleinen Teilchen – aus Molekülen. Diese Teilchen werden durch Anziehungskräfte untereinander zusammengehalten. Wären diese Kräfte nicht vorhanden, so würden die einzelnen Teilchen – wie bei einem Gas – leicht auseinanderfliegen. Diese Anziehungskräfte machen deshalb gerade eine Flüssigkeit aus. In der Mitte einer solchen Flüssigkeit wirken auf ein Molekül von allen Seiten gleich große Kräfte, weil es überall von gleichen Teilchen umgeben ist. Am Rande einer Flüssigkeit ist die Kräfteverteilung auf ein solches Teilchen anders. Es fehlt die Anziehung nach außen, weil es dort keine gleichartigen Teilchen mehr gibt. Die am Rande liegenden Teilchen werden von den inneren Teilchen nach innen gezogen – die Flüssigkeit hat das Bestreben, sich zu verkleinern. Diesen Zwang, sich zusammenzuziehen, nennt man Oberflächenspannung. Bei verschiedenen Flüssigkeiten variiert diese Oberflächenspannung, weil sie aus verschiedenen kleinsten Teilchen bestehen und deshalb die Kräfte zwischen ihnen unterschiedlich groß sind. So ist das Bestreben, sich zusammenzuziehen, bei Wasser geringer als z. B. bei Quecksilber. Dieser Trend zum Zusammenziehen hat eine Krümmung der Flüssigkeitsoberfläche zur Folge. Unsere Beobachtungen spielen sich jedoch unter dem Einfluß der Erdanziehung, der Schwerkraft, ab. Deshalb ist z. B. ein Tropfen auf einer festen Unterlage nicht kugelförmig. Bei unserem Kunststück mit dem schwebenden Öl jedoch wirkt der Auftrieb der wäßrigen Alkohollösung gegen die Schwerkraft. Beide Kräfte heben sich auf. Die Form des Öltropfens wird deshalb nur von seiner Oberflächenspannung bestimmt – und die ist an allen Seiten gleich. Die Kugelform kann sich so ausbilden.

Ein Tropfen sucht stets das Energieminimum einzunehmen – und das ist die Form mit der kleinsten Oberfläche: die Kugel (s. K. 18). Stören kann man die Harmonie des Tropfens durch äußere Kräfte, z. B. durch einen Draht, der mit einer Handbohrmaschine verbunden ist. Dreht man diesen Draht, so verformt sich die Ölkugel – sie wird flacher. Fliehkräfte kommen durch die Drehung hinzu. Deshalb hat übrigens auch unsere Erde am Äquator einen größeren Durchmesser, als ihn die Nord-Süd-Achse bildet – die Erdkugel ist ausgebuchtet. Verstärkt man die Drehung beim Öltropfen, so können sich durch die starken Fliehkräfte Teile ablösen, die sofort wieder eine Kugelform einnehmen. Sie schweben um die Urkugel herum – ein Blick auf ein Planetensystem?

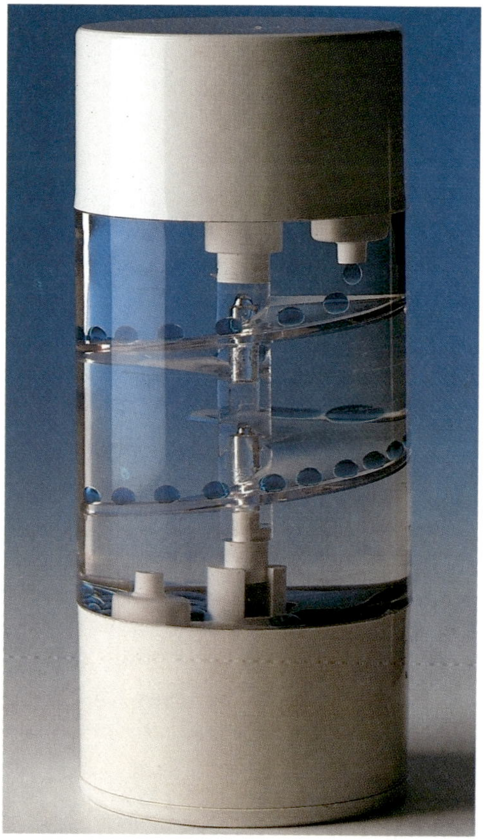

Tricks und Tips:

Warum die Planeten und Sterne rund sind, ist verständlich. Im flüssigen oder gasförmigen Zustand wirken sich die Kräfte zwischen den Molekülen

wie bei unserem Öl aus. Die bevorzugte Kugelform wird eingenommen. Beim Erkalten bildet sich eine Kruste – unsere Erde hat so ihre Form erhalten. Zwei Flüssigkeiten mit verschiedener Dichte zusammengebracht, erlauben diese Tropfenrutsche. Im freien Fall wird die Schwerkraft, die Anziehungskraft der Erde, für die Zeit des Falles aufgehoben. Die bevorzugte Kugelform kann sich so leicht ausbilden. Hinzu kommt, daß die blaue Flüssigkeit auch eine große Oberflächenspannung besitzt. Sehr schön ist das Abschnüren des Tropfens kurz nach dem Austreten aus der Öffnung zu sehen. Dieselbe Beobachtung kann man an einem Wasserhahn machen.

Ein Flüssigkeitsdrucker schießt Farbtröpfchen gezielt auf das Papier. Damit schreibt ein Computer seine Ergebnisse aus. In der Mikroskopaufnahme sind die Ablösung von der Düse und die Kugelbildung gut zu erkennen.

Auch Regentropfen besitzen ja durch die Bedingungen des freien Falls Kugelform. Dabei kann man den störenden Luftwiderstand vernachlässigen. Übrigens hat man mit diesem Trick des freien Falls Schrotkugeln hergestellt. In einem 40 Meter hohen Schornstein wird dazu heißes, flüssiges Blei von oben durch ein Sieb ausgegossen. Während des Fallens bleibt die Kugelform erhalten, und das Metall kühlt ab. Unten fallen dann die erstarrten Bleikugeln in einen Behälter

Das Innenleben der Nutzlastspitze einer Rakete für Materialexperimente. Verschiedene Module sind übereinander gestapelt. Sie enthalten z. B. Öfen zum Schmelzen von Metallen, Kamera und Meßgeräte.

mit Wasser, und fertig ist die Schrotkugel. Heute benutzt man den freien Fall auch in der Weltraumtechnik. Dazu wird eine Rakete abgeschossen und die Nutzlast, in der die Experimente ablaufen, abgesprengt. Im freien Fall werden z. B. Flüssigkeiten gemischt oder Metalle geschmolzen. Ziel ist es, mehr über die Wirkung der Oberflächenspannung herauszufinden. Die Hoffnung ist, z. B. neue Metallegierungen aus zwei Materialien, die sich unter dem Einfluß der Schwerkraft wegen ihres unterschiedlichen spezifischen Gewichts nicht mischen, zu verbinden. Die Schwerelosigkeit während des freien Falls der Nutzlast kann immerhin sechs Minuten betragen, ehe die Kapsel mit einem Fallschirm abgefangen wird. So konnte man Aluminium und Blei miteinander mischen und hatte ein Material mit neuen Eigenschaften. Allerdings mußten die Wissenschaftler bei vielen Experimenten lernen, daß nicht so sehr die Schwerkraft, sondern vor allen Dingen die Oberflächenspannung bei der Mischung eine Rolle spielt. Zum Beispiel benetzt flüssiges Indium die Tiegelwand besser als Aluminium. In der Schmelze scheidet sich deshalb Indium stärker an der Tiegelwand ab – die Entmischung ist durch diesen Effekt verstärkt. Die Wissenschaftler versuchen, mit verschiedenen Tiegelmaterialien dieses Problem zu beheben. Für solche Experimente kommt heute wieder der ehrwürdige Fallturm zu seinen Ehren. 137 m hoch ist die Metallröhre, in der auf der Erde Experimente in der „Schwerelosigkeit" durchgeführt werden. Auch Experimente in den Raumfähren haben die Untersuchung der Oberflächenspannung unter Aufhebung der Schwerkraft zum Ziel. Ideal sieht dieser Tropfen mit seiner Kugelform im sowjetischen Raumschiff aus. Allein die Oberflächenspannung bestimmt hier die Form des Wassers.

Wie gerne sich Flüssigkeiten auf ihre Minimalfläche – auf die Kugelform – zusammenziehen, zeigt das Kunststück mit den Quecksilbertropfen. Quecksilber besitzt eine hohe Oberflächenspannung. Die Tropfen erreichen auch auf einer Unterlage fast die Kugelform, denn die Anziehungskraft der Quecksilberteilchen untereinander ist größer als die Anziehung durch die Glasunterlage. Die Tropfen liegen auf einer leicht nach innen gebogenen Glasplatte. Die Oberfläche der Einzeltropfen ist größer als die Oberfläche eines einzelnen großen Tropfens – das ist leicht nachzurechnen. Deshalb folgen die Einzeltropfen sofort dem kleinsten Zwang zur Bildung eines großen Tropfens. Schon bei der kleinsten Berührung schnappen die kleinen Tropfen zu einem großen Tropfen zusammen und erreichen dadurch das angestrebte Energieminimum (s. K. 18). Eine interessante Frage ist, wo denn die Energie bleibt, wenn die Tropfen durch die Verkleinerung der Oberfläche ihr Energieminimum erreichen. Ein Teil der Energie wird sicher dazu benutzt, um die Materieteilchen im Quecksilber zu verschieben. Das Zusammenziehen der Einzeltropfen geht ruckweise vor sich – sie springen regelrecht zusammen. Die Energie dazu kommt aus der eingesparten Oberflächenenergie. Auf der Erde ist ein hochspringender Tropfen wegen der Schwerkraft nicht zu beobachten. Im Weltraum unter Schwerelosigkeit müßten diese Experimente möglich sein. Allein schon, wenn ein Quecksilbertropfen aus der „Fladenform" in die energetisch günstigere Kugelform wechselt, sollte der damit verbundene Energiegewinn spürbar werden. Solche Experimente wurden von sowjetischen Kosmonauten gemacht. Eine

Zeitlupenstudie dokumentierte, daß ein Tropfen beim Übergang in die Kugelform hochspringen kann. Dabei beginnt das Quecksilber zu schwingen. Für diesen Sprung benutzt der Tropfen den kleineren Teil der freigewordenen Oberflächenenergie. Der größere Teil wird zur Bewegung der zähen Quecksilbermaterie beim Übergang in die Kugelform verbraucht. Der Satz von der Erhaltung der Energie bestätigt sich auch hier.

16

Die Giganten

Das Kunststück:

Seifenblasen zu machen ist eigentlich einfach. Neu ist es, Riesenseifenblasen zu machen. Dazu benötigt man eine Schale und einen Metallring mit zwei Griffen. Mit einer Seifenblasenlösung ist es dann möglich, solche Riesenseifenblasen zu produzieren.

Das knoff-hoff:

Hier liegt der Pfiff in der Seifenlösung. Entscheidend ist zumeist das Wasser. Wasser besitzt eine Oberflächenspannung, d. h., die Wasserteilchen hängen so stark aneinander, daß sie z. B. Tropfen bilden. Sie ziehen sich regelrecht zusammen. Ein Wassermolekül besteht ja aus einem Sauerstoff- und zwei Wasserstoffatomen. Das Sauerstoffatom ist so gierig nach Elektronen, daß es auch noch die der Wasserstoffatome an sich zieht. Dadurch bildet ein Wassermolekül einen elektrischen Dipol. Das Sauerstoffatom zeigt negative Ladung, der Rest positive. Die Wassermoleküle arrangieren sich nun so, daß den starken elektrischen Kräften – die Anziehung der negativen Seite des Moleküls durch die elektrisch positiv geladene eines anderen Moleküls – Rechnung getragen wird. Diese starken Kräfte sind die Ursache für die große Oberflächenspannung, den Zusammenhalt des Wassers. Wenn man nun versucht, aus reinem Wasser eine Seifenblase zu blasen, so geht das nicht – die Moleküle halten zu fest zusammen.

Die grünen Seifenteilchen drängen sich zwischen die Wassermoleküle.

Nun gibt es aber „entspannende Mittel", die diese Oberflächenkraft schwächen – Seife oder Spülmittel tun das. Mit diesen Mitteln kann das Wasser besser „auseinandergezogen" werden. Die Seifenmoleküle sind nicht homogen aufgebaut. Sie besitzen ein „wasserfreundliches" und ein „wasserfeindliches" Ende. Die Seifenmoleküle drängen sich mit dem einen Ende zwischen die Wasserteilchen und drücken sie auseinander. Dadurch schwächt sich der Zusammenhalt des Wassers. Jetzt kann durch Blasen die Seifenlösung leichter auseinandergezogen werden. Die Oberflächenspannung des Wassers wird dadurch etwa um ein Drittel herabgesetzt, deshalb nennt man seifenartige Stoffe auch „entspannende Mittel". Weil das wasserfeindliche Ende der Seifen nach außen ragt, bietet diese Anordnung der Moleküle auch einen Schutz vor allzu schnellem Austrocknen der Seifenblase – sie wird stabiler. Das ist übrigens auch ein Effekt von Glyzerin. Es verhindert das schnelle Austrocknen der Seifenblase. Glyzerin macht aber die Seifenblase schwerer – für manche Kunststücke ein Nachteil.

Tricks und Tips:

Jedes zusätzliche Teilchen im Wasser kann selbstverständlich den Zusammenhalt der Wassermoleküle auch beeinflussen. Schon der verschieden große Kalkanteil des Wassers in verschiedenen Regionen Deutschlands kann sich negativ auswirken. Deshalb ist es gut, destilliertes Wasser für die Riesenseifenblasen zu nehmen. Ein gutes Rezept ist:
5 Eßlöffel Geschirrspülmittel
½ Teelöffel Glyzerin
2 Liter Wasser

Auch kommerzielle Seifenblasenlösungen sind ganz gut – aber teuer. Je länger die Seifenblasenlösung angesetzt ist (ca. 1 Tag), um so besser geht das Ganze. Bei großen Seifenblasen sollte man nur wenig käufliche Seifenblasenlösung mit dem Wasser mischen; denn bei großen Blasen muß die Haut kräftig bleiben. Wenn Sie zunächst durch vorsichtiges Kippen eine Haut aus Seifenblasenlösung im Ring erzeugen und dann langsam zurückgehen, ist die Riesenseifenblase greifbar nahe. Manchmal klebt die Haut am Schüsselrand – das sollte vermieden werden.

17

Warum Großes noch größer wird

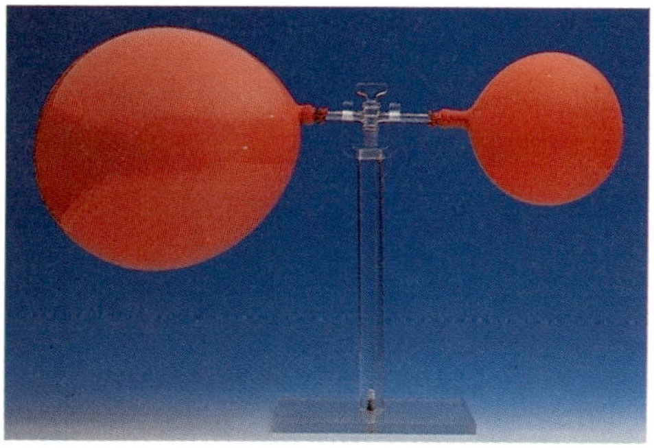
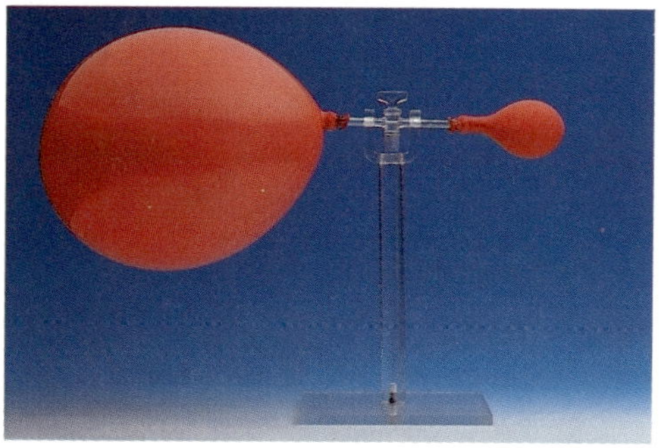

Das Kunststück:

Eine Glasröhre ist durch einen Hahn getrennt. Auf der einen Seite befindet sich ein stark aufgeblasener Luftballon – auf der anderen Seite ist der gleiche Luftballon weniger aufgepustet. Wird der Hahn nun aufgedreht, so kann die Luft ungehindert von dem einen Luftballon in den anderen strömen. Was passiert? Wird der kleine Luftballon größer und der große kleiner? Werden die beiden Luftballons am Ende gleich groß? Die Überraschung ist, daß der große Luftballon noch größer wird!

Das knoff-hoff:

Durch dieses Kunststück wird eigentlich nur eine Erfahrung bestätigt, die wir alle schon gemacht haben. Am Anfang ist ein Luftballon immer schwerer aufzublasen als später, wenn er schon größer ist. Der Widerstand der Luftballonhaut sinkt offenbar mit dem Durchmesser des Ballons. Deshalb preßt der kleine Ballon seine Luft in den großen hinein.

Klarer, aber schwieriger auszuführen ist das Kunststück mit Seifenblasen. Hier herrschen die klassischen physikalischen Bedingungen, die da sagen, daß der Druck umgekehrt proportional zum Durchmesser der Seifenblasen ist. Zur Erklärung hilfreich ist auch die Vorstellung, daß die Seifenhaut ja die kleinste Oberfläche einnehmen will. Denn alles in der Natur strebt zu einem stabilen Zustand – zur Minimalisierung der Energie. Deshalb rollt eine Kugel z. B. eine Schräge hinunter, um unten – im Energieminimum – zur Ruhe zu kommen. Beim Aufblasen müssen wir eine Kraft aufwenden, um die Seifenblasenhaut auszudehnen. Blasen wir eine solche Seifenblase mit einem Strohhalm auf und verschließen danach mit der Fingerspitze nicht die Öffnung, so zieht sich die Seifenblase schnell wieder zusammen und stößt die hineingeblasene Luft heraus (s. K. 20). Aus diesem Grund besitzt die Seifenblase auch eine Kugelform, denn die Kugeloberfläche ist kleiner als z. B. die eines Würfels oder eines anderen eckigen Körpers (s. K. 18). Für diese Körperform müßte man also mehr Energie aufbringen, um die Teilchen, die Moleküle, in diese Form zu bringen. Verbindet man nun zwei Seifenblasen, so wird auch dieses System die kleinste Oberfläche anstreben. Und das sind nicht zwei gleich große Kugeln, sondern eine – wie eine einfache Rechnung zeigt. Eine Kugel gewinnt also an Volumen, die andere schrumpft. Bei der kleineren Seifenblase ist die Krümmung stärker als bei der größeren. Die Kräfte der Oberflächenspannung sind hier stärker zum Mittelpunkt hin konzentriert als bei der größeren Seifenblase. Hilfreich ist dabei die Vorstellung, daß z. B. bei einer sehr großen Kugel Teilstücke der Oberfläche wie Ebenen erscheinen – für uns die Oberfläche der Erdkugel. Die Kräfte durch die Oberflächenspannung sind dabei nicht so stark nach innen gerichtet wie bei einer stärker gekrümmten, also kleineren Kugel. Der Druck nach innen bei einer Blase ist also von der Krümmung abhängig. Je kleiner die Krümmung, um so niedriger der Druck. Deshalb herrscht in der kleineren Seifenblase ein größerer Druck als in der großen. Die Luft strömt in die große Seifenblase und macht sie noch größer. Dieser Druck in einer Seifenblase wächst also, je kleiner die Seifenblase wird. Die gleichen Verhältnisse herrschen in einem Wassertropfen. Kleine Tröpfchen ziehen sich stärker zusammen als größere. Sie können deshalb den Einwirkungen der Schwerkraft besser widerstehen, sie verzerren sich weniger aus der Kugelform. Ab einem bestimmten Durchmesser erreichen sie auch unter der Anziehungskraft der Erde nahezu die ideale Kugelform.

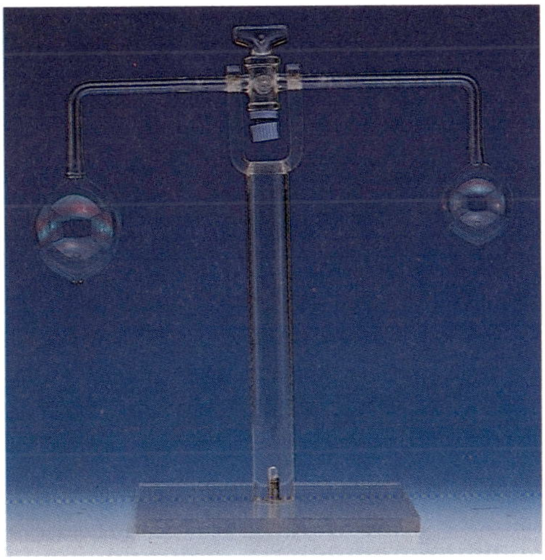

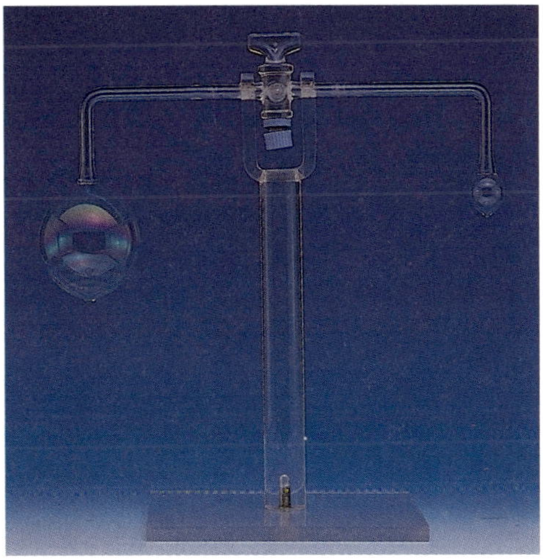

Nach einem Regen sind solche Minitropfen auf den feinen Härchen von Pflanzenblättern zu beobachten. Das Liegen auf den Härchen schaltet einen weiteren Störfaktor für die Kugelform aus – die Anziehungskräfte der Unterlage auf die Flüssigkeitsteilchen.

Tricks und Tips:

Dieses Experiment mit Luftballons gelingt nur, wenn die Ballons neu sind und nicht zu extrem aufgeblasen werden. Bei der Gummihaut der Luftballons kommen sehr viele Einflüsse hinzu. Gummi besteht aus langen Molekülketten, die im ungespannten Zustand des Gummis ineinander verknäuelt sind. Beim Spannen werden die Molekülketten gestreckt. Sie wollen wieder in den energetisch niedrigen Zustand kommen – deshalb zieht sich die Luftballonhaut zusammen. Eindeutig, wie gesagt, ist das Experiment mit Seifenblasen. Aber die Vorrichtung aus Glas ist recht schwierig zu bauen.

Mit etwas Geduld kann man das Experiment mit zwei Strohhalmen durchführen. Eine große Seifenblase wird am Ende des einen Strohhalmes geblasen und eine kleinere am anderen Strohhalm. Die zwei Öffnungen werden zunächst zugehalten, dann zusammengesteckt. Hilfreich ist es, ein Verbindungsstück mit etwas größerem Durchmesser am Ende des einen Strohhalms anzubringen, um das Zusammenstecken zu erleichtern. Auch hier sollte dann die kleinere Seifenblase in der größeren aufgehen.

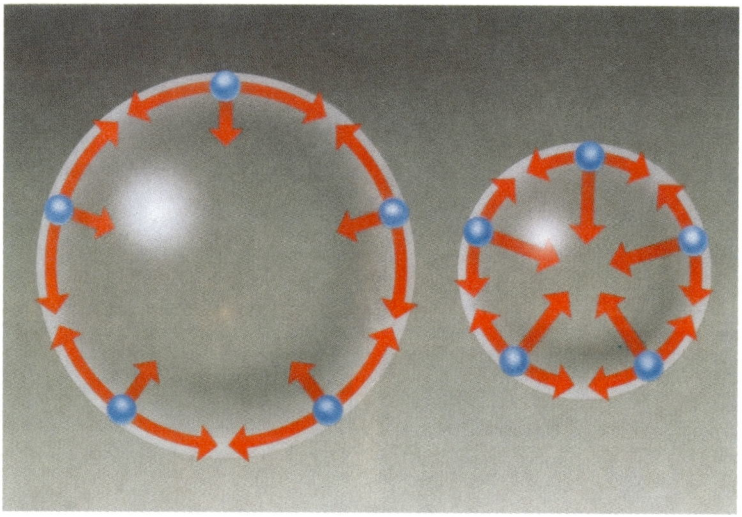

Bei einer großen Seifenblase ist die Kraftkomponente nach innen kleiner als bei der Seifenblase mit dem geringeren Durchmesser.

18

Dächer aus Seifenhaut

Das Kunststück:

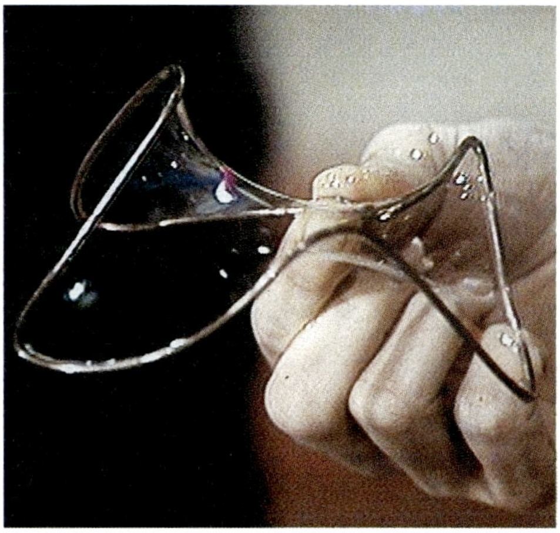

Auch das Münchener Olympiadach hat etwas mit Seifenhäuten zu tun. Wenn Sie einen Draht zusammenlöten, der in etwa die Form des Drahtes auf unserem Foto hat, an diesem Draht einen Faden befestigen und das Gebilde in eine Seifenblasenlösung tauchen, so spannt sich eine Haut zwischen der Drahtkonstruktion, die der Kontur des Olympiadaches sehr ähnlich ist. Diese Haut ist sehr stabil, und tatsächlich benutzen Architekten diesen Trick, um bei gewagten Bauwerken z. B. die stabilste Dachform herauszufinden. Warum aber ist die Seifenhaut dabei so nützlich?

Das knoff-hoff:

Zum Aufblasen einer Seifenblase muß Kraft aufgewendet werden. Wenn man eine Seifenblase geblasen hat, so versucht sie, sich zusammenzuziehen – das liegt an den Molekülen, die sich gegenseitig anziehen. Eine Gleichgewichtsposition bei gegebenem Luftvolumen findet sich mit der kleinsten Oberfläche, die die Moleküle einnehmen können. Unter diesen Bedingungen können sich die Moleküle nicht mehr weiter zusammenziehen – der

Gegendruck der Luft in der Blase hindert sie daran. Diese kleinste Oberfläche ist nun die Kugelform, wie einfache Rechnungen zeigen. Gegenüber einer Kugel ist bei gleichem Volumen die Oberfläche eines Würfels um ca. 24 Prozent größer. Die Zahlen schwanken bei geometrisch anders geformten Oberflächen – aber immer ist bei gleichem Volumen die Oberfläche eines noch so phantasievoll geformten eckigen Körpers größer als die einer Kugel. Deshalb bevorzugen Flüssigkeiten die Kugelform, wenn keine anderen Kräfte wirken. Eine Seifenhaut kann man auch über andere Gegenstände spannen. Auch hier hat die Seifenhaut immer die Tendenz, sich so lange zusammenzuziehen, bis sie, den äußeren Gegebenheiten entsprechend, ein Energieminimum erreicht hat. Dann ist sie, unter den gegebenen Umständen, stabil. Die Erklärung dafür ist die gleiche wie bei der Kugelform der Seifenblase.

In diesem Kunststück haben wir einen Wollfaden an die Umrandung gebunden und eine Seifenhaut erzeugt. Wird die Haut im Inneren des Fadens zerstochen, so bildet sich sofort ein Kreis – die Seifenhaut zieht sich zu ihrer Minimalfläche zusammen.

Bei dem gebogenen Draht nun, der die Vorlage zum Olympiadach sein

soll, ist die Kugelform nicht möglich, weil das Festkleben an der Begrenzung das verhindert. Die eingenommene runde Form ist für diese Situation das Energieminimum, also in sich stabil. Eine Dachkonstruktion, die sich an solche Modelle mit Seifenhäuten anlehnt, hat den Vorteil, daß der Architekt weiß, daß überall auf dem Dach die Vorspannung gleich ist. Denn der Trend der Seifenhaut, sich zusammenzuziehen, ist ja nichts anderes als eine Vorspannung.

Mit diesem Wissen kann diese Dachform unter Einsatz der geringsten Menge von Material gebaut und können die Stützelemente optimal plaziert werden. Sicher sind fast alle Formen – auch ohne die Minimalflächen der Seifenhäute zu erreichen – baubar, aber das führt dann zu einem unvernünftig hohen Einsatz von Material.

In der Realität ist vieles anders. Die Minimalflächen der Seifenhäute unterliegen ja bei einem Dach auch äußeren Einflüssen. Wenn im Winter z. B. Schnee auf das Idealdach fällt, sind die Kräfteverhältnisse in der Dach die Vorspannung gleich ist. Denn der Trend der Seifenhaut, sich zusammenzuziehen, ist ja nichts anderes als eine Vorspannung.

Tricks und Tips:

Interessant ist es, mit verschieden geformten Drahtgeflechten Minimalflächen von dreidimensionalen Objekten herauszufinden. Dazu brauchen Sie nur etwas Seifenblasenlösung und die aus Draht gebogenen Körper.

Auch eine Seifenblase kann in andere Formen als die Kugelform übergehen, wenn die äußeren Bedingungen es erfordern. So gibt es auch die eckige Seifenblase oder den Wurm aus Seifenblasen. Der Phantasie sind keine Grenzen gesetzt.

19

Das Geheimnis des Waschens

Das Kunststück:

Wenn Sie Öl aufs Wasser gießen, so schwimmt es auf der Oberfläche – Öl ist leichter als Wasser, und die Trennlinie zwischen den beiden Flüssigkeiten ist ziemlich scharf und gerade. Gibt man nun einige Tropfen eines Spülmittels in das Wasser und rührt etwas um, so verändert sich die scharfe Trennlinie – sie wird unregelmäßig, und es bilden sich sogar einige Öltropfen.

Das knoff-hoff:

Wasser besitzt eine „Haut". Die Ursache dafür sind die Kräfte, die auf die einzelnen Teilchen untereinander wirken. Diese Kräfte sind relativ stark. Die Moleküle an der Wasseroberfläche erfahren eine schwächere Anziehungskraft von den Luftteilchen über ihnen als von ihren Partnern in der Flüssigkeit – das Wassermolekül wird in die Flüssigkeit hineingezogen. Das ist auch die Ursache dafür, daß sich

Wasser zu einem Tropfen zusammenziehen kann, wenn diese Teilchenkräfte größer als die Wechselwirkung mit der Umgebung sind. Ein Spülmittel z. B. stört diese Wirkung der Teilchenkräfte im Wasser. Das ist auch gut so, denn beim Waschen soll ja das Wasser nicht einfach abtropfen, sondern die zu reinigende Fläche benetzen und die Schmutzteilchen wegspülen. Dieses Experiment mit dem Schmutzteilchen in dem Wassertropfen zeigt die Wirkung. Der Tropfen wird durch die Oberflächenspannung gebildet, das Schmutzteilchen ist abgeschirmt. Kommt ein Spülmittel (Seife oder ein anderes Tensid) hinzu, so zerfließt der Wassertropfen. Das Wasser benetzt die Unterlage, und das freiliegende Schmutzteilchen kann weggespült werden.

Seifenmoleküle bestehen aus langen Ketten. Das eine Ende ist „wasserfreundlich", verknüpft sich also gerne mit Wassermolekülen. Das andere Ende ist „wasserfeindlich", aber freut sich auf die Verbindung mit Fett (s. K. 16). Beim Abwaschen richtet sich das „fettfreundliche" Ende z. B. zum Fett auf dem Teller aus – das „wasserfreundliche" Ende hilft, daß der Fettbrocken besser vom Wasser benetzt wird. Die Seifenmoleküle umgeben alsbald die Fettbröckchen und lösen sie von der Tellerfläche – das Wasser spült sie davon. Die gleiche Wirkung hat das Tensid bei dem Experiment mit der Ölschicht: Die Oberflächenspannung des Wassers wird herabgesetzt, das Wasser benetzt jetzt die Ölschicht besser – die vorher scharfe Trennlinie bricht ein. Deshalb hilft z. B. ein Spülmittel, Fett vom Teller zu waschen, was mit Wasser allein nicht möglich wäre. Diese benetzende Wirkung des Spülmittels ist übrigens auch die Ursache, warum das Geschirr auch ohne Abtrocknen spiegelsauber erscheint.

Ohne Spülmittel bildet das Wasser runde Tropfen, und wenn die trocknen, bleiben an dieser Stelle die im Wasser gelösten Substanzen übrig. Das Geschirr erscheint fleckig. Mit dem Spülmittel benetzt das Wasser die gesamte Glasfläche – mehr Wasser läuft ab. Die vorher gelösten kleinen Teilchen sind jetzt homogen über eine größere Fläche verteilt, und das Geschirr sieht „sauber" aus. Aber Reste des Spülmittels haften an der Oberfläche. Biergläser, die so gespült werden, haben einen unerwünschten Nebeneffekt: Der Bierschaum bricht sehr schnell zusammen, weil ja die Oberflächenspannung, die für die Bildung der Blasen im Schaum sorgt, herabgesetzt ist. Durch unseren hohen Verbrauch an Tensiden wird unsere Umwelt sehr stark belastet. Vieles funktioniert in der Natur nur durch die Oberflächenspannung, z. B. der kon-

trollierte Transport von Substanzen durch Zellmembranen bei Kleinlebewesen im Wasser. Durch die Tenside wird dieser Mechanismus gestört. Tenside lagern sich an die Zellmembran, lösen Eiweiße heraus und verändern die Durchlässigkeit – eine ernstzunehmende Umweltgefahr.

Tricks und Tips:

Die Oberflächenspannung des Wassers erlaubt es, z. B. einen Kasten aus Metalldraht schwimmen zu lassen. Das Metall würde sofort versinken, wenn nicht die feinen Poren durch das Wasser selbst verschlossen würden und dadurch der Kasten einen Hohlraum bilden könnte. Früher hat man mit Schwimmkissen aus Leinen das Schwimmen gelernt. Dazu wurde der Stoff zunächst naß gemacht und dann an beliebiger Stelle einfach aufgeblasen. Luftdicht wurde der fein durchlöcherte Stoff durch das Wasser, das mit seiner Haut – so wie beim Metallkästchen – die Poren verschloß.

Auch eine Münze schwimmt, wenn man sie vorsichtig auf die Wasseroberfläche legt. Am besten geht das mit einem Stück Löschpapier, auf das die Münze gelegt wird – das Löschpapier saugt sich voll Wasser und sinkt nach unten – die Münze schwimmt. Vorteilhaft ist es, wenn sie leicht eingefettet ist. Die Einbuchtungen der Wasseroberfläche sind gut zu sehen. Mit dem echten Schwimmen hat dieses Kunststück nichts zu tun. Die Anziehungskräfte der Wassermoleküle an der Oberfläche durch die Teilchen im Wasser sind stärker als die Wechselwirkung mit der Oberfläche der Münze. Die Münze schwimmt, als ob sie auf einer dünnen Folie läge. Das funktioniert, wenn die Oberflächenspannung größer als die Kraft durch das Gewicht der Münze ist. Wenn etwas von einem Spülmittel in das Wasser gegeben wird, versinken Münzen und Drahtkasten sofort, weil die Oberflächenspannung geschwächt ist. Durch Erwärmung wächst die Molekülbewegung im Wasser. Die Teilchen bewegen sich heftig hin und her. Der Zusammenhalt – die Oberflächenspannung – wird dadurch kleiner. Die Münze versinkt deshalb, wenn das Wasser erwärmt ist. Wegen der kleiner werdenden Oberflächenspannung wäscht es sich auch mit heißem Wasser besser. Bei Experimenten mit der Oberflächenspannung müssen die Gefäße sehr gut gespült sein, am besten mit Brennspiritus. Die kleinste Menge an Tensiden macht das Kunststück unmöglich.

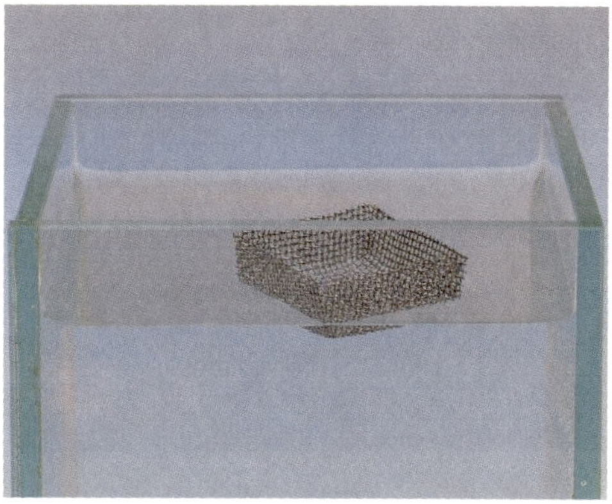

20

Der Vorhang aus Seifenhaut

Das Kunststück:

Seifenblasenlösung wird in einer schmalen Wanne angerührt. Ein Stab ist längs dazu so aufgehängt, daß er mit einer Schnur hochgezogen werden kann. Mit der Seifenblasenlösung ist ein Vorhang möglich, der bis zu zwei Meter hoch sein kann.

Das knoff-hoff:

Das Foto macht die Konstruktion deutlich. Der Stab kann mit einer saugfähigen Schnur umwickelt werden, die beim Hochheben mehr Seifenblasenlösung mitnimmt. Das „entspannende" Mittel im Wasser ist die Ursache dafür, daß die Haut des Wassers so weit auseinandergezogen werden kann. Es ist sogar möglich, in diesen Vorhang hineinzublasen, der sich dann entsprechend ausbeult.

Tricks und Tips:

Dieses Kunststück sollte in einem zugfreien Raum durchgeführt werden. Auch allzu viele Staubteilchen stören dieses Kunststück. Der dünne Film klebt manchmal am Rand der Wanne – dann müssen Sie neu beginnen und diese Störung vermeiden. Die Seifenhaut besitzt eine starke Oberflächenspannung; d. h., sie zieht sich stark

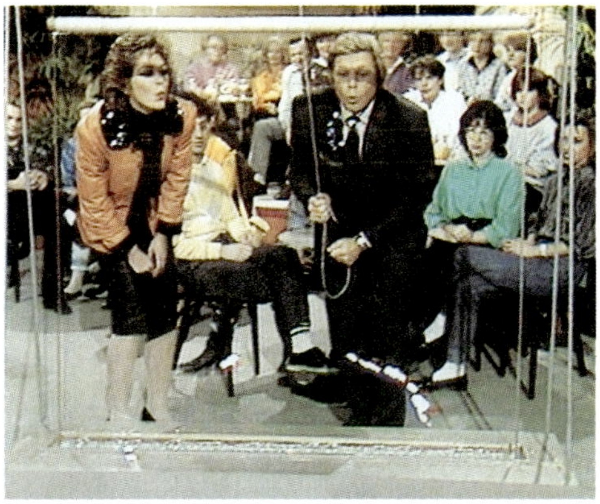

zusammen. Wie groß der Druck durch die Oberflächenspannung sein kann, zeigt das Kunststück von Tom. Er hat mit einem Strohhalm in die Seifenblase Zigarettenrauch eingeblasen, und nach dem Öffnen der Blase zieht sie sich zusammen, und der Rauch wird dabei herausgedrückt. Ein Kunststück, das eine lange Übungszeit erfordert.

21

Mit Rauch schießen

Das Kunststück:

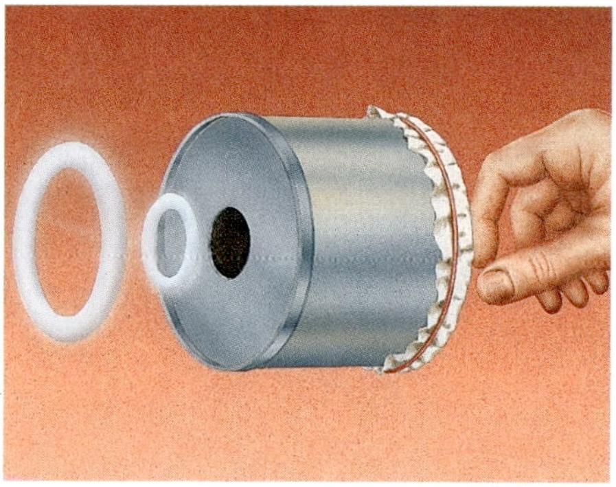

Wenn Sie eine große Büchse oder einen Marmeladeneimer nehmen, ein kleines Loch in den Boden schneiden und die schon offene Seite mit Gummi bespannen, dann haben Sie schon fast alles, um mit Rauchringen z. B. eine Kerze auszuschießen. Den Rauch können Sie mit etwas Tabak erzeugen, der im Inneren der Büchse vor sich hin qualmt. Schlagen Sie nun auf die Gummimembran, so kommen aus dem Loch Rauchringe heraus, die mit beachtlicher Geschwindigkeit durch den Raum schießen. Eine Kerze, die in den Weg eines solchen Rauchringes kommt, wird ausgeblasen.

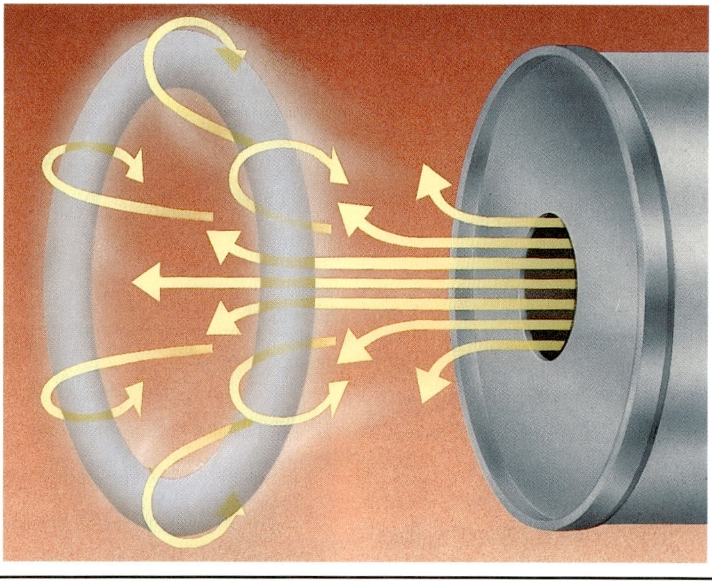

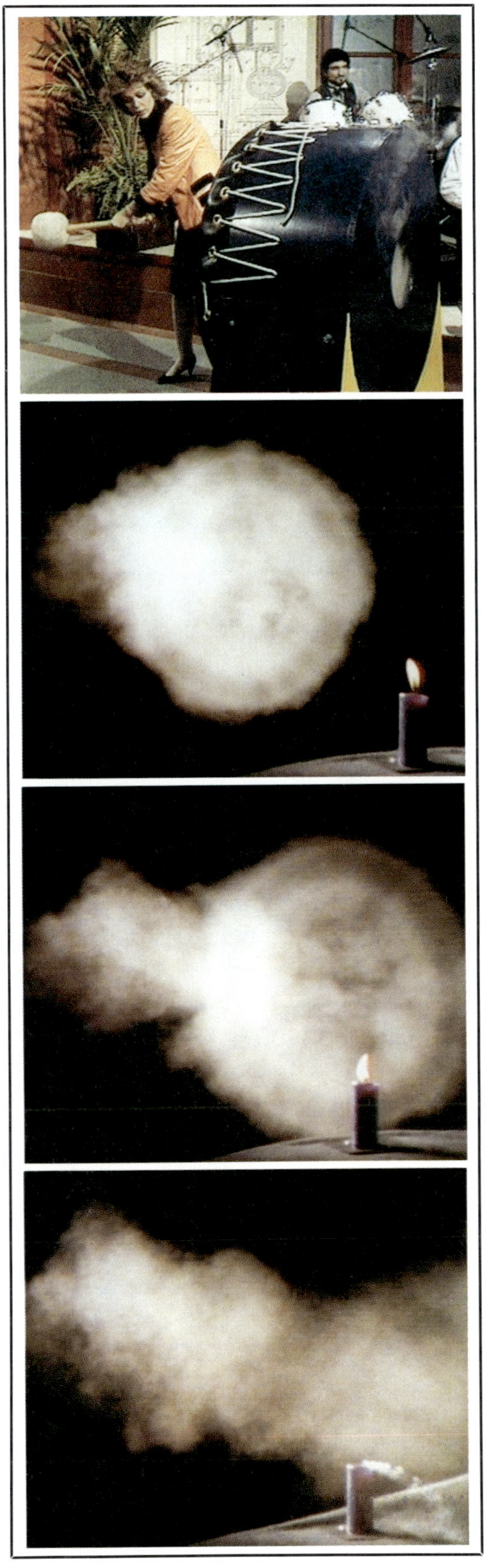

Das knoff-hoff:

Wie entstehen die Ringe? Die Momentaufnahmen zeigen, daß der Rauchring in sich herumwirbelt. Diese Turbulenz läßt übrigens auch die Kerzenflamme verlöschen. Diese Wirbel entstehen am Ausgang der Rauchkanone. Durch den Schlag auf die Gummimembran werden die Luft und der Rauch aus dem Büchsenloch gedrückt. Der Luftstrom in der Mitte kann ungestört nach außen dringen. Am Rand aber wird die Luft abgebremst – dadurch entsteht die Drehung des Rauchringes, und deshalb kann sich überhaupt erst ein Ring ausbilden.

Tricks und Tips:

Vor einem schwarzen Hintergrund sind die Ringe am besten zu sehen. Je größer die Trommel, um so eindrucksvoller der Effekt. Unsere Zeitlupenaufnahmen wurden mit einer Trommel von 1,50 Meter Durchmesser ge-

macht. Als Spielzeug gab es diese Rauchringpistole: Eine Gummimembran wird beim Spannen der Pistole gestreckt und beim Auslösen plötzlich entspannt – mit der vorhandenen Zielvorrichtung lassen sich Kerzenflammen genau ausschießen.

22

Eiswürfel im Wasser

Das Kunststück:

Wenn Sie Eiswürfel in ein Glas mit Wasser füllen, dann steigt der Wasserspiegel. Die Höhe des Wassers wird markiert. Die Frage ist, wenn das Eis schmilzt, steigt dann der Wasserspiegel? Oder sinkt er? (Das glauben die meisten.) Oder bleibt er gleich? Die erstaunliche Antwort ist: Er bleibt gleich.

Das knoff-hoff:

Wenn ein Gegenstand ins Wasser fällt, dann verdrängt er Wasser. Manche Materialien schwimmen, andere nicht. Sie tauchen also nur teilweise ins Wasser ein oder sinken zum Boden ab. Dabei verdrängen sie – je nach Eintauchtiefe – mehr oder weniger Wasser. Die Frage ist, warum schwimmen einige Gegenstände und andere nicht? Ein Stahlwürfel versinkt im Wasser, schwimmt aber in Quecksilber. Mit der Konstruktion auf der Waage wird klar, welche Bedingungen zum Schwimmen notwendig sind. Der Apfel, in das Gefäß gelegt, läßt etwas Wasser überlaufen. Dieses Wasser wird in dem Becherglas gesammelt. Wiegt man nun den Apfel gegen die übergelaufene Wassermenge, so sieht man, daß beide gleich viel wiegen. Das vom untergetauchten Teil des Apfels verdrängte Wasser wiegt also genauso viel wie er selbst. Drückt man den Apfel jetzt ganz unter Wasser, so läuft noch mehr Wasser in den Becher. Das vom gesamten Apfelvolumen verdrängte Wasser ist also schwerer als der Apfel. Deshalb schwimmt der Apfel. Wiederholt man dieses Experiment mit einem Stahlwürfel, so ist der Würfel weitaus

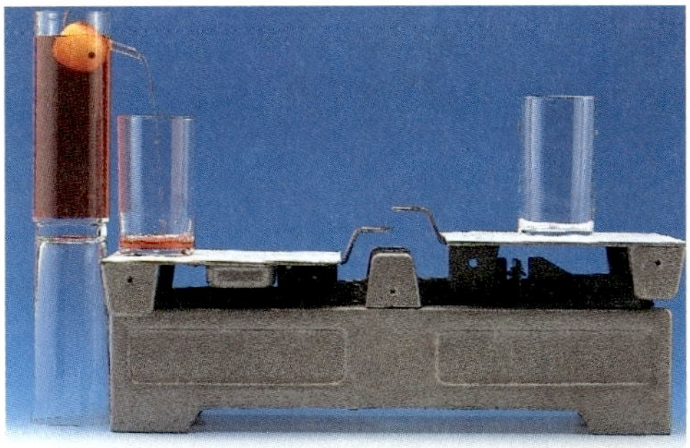

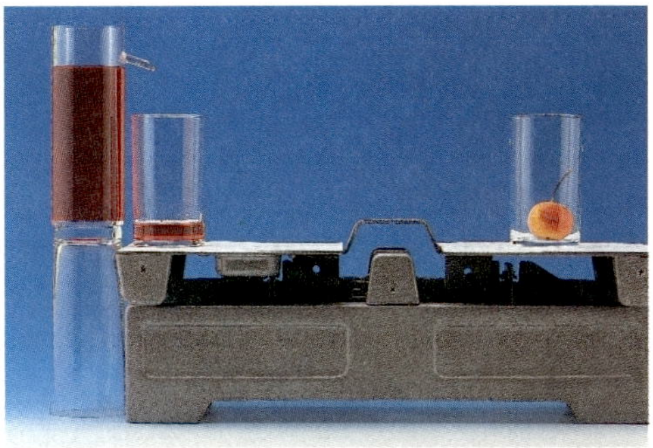

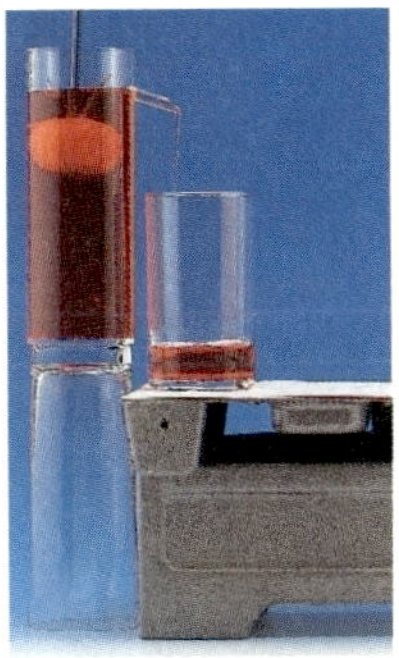

Der Apfel verdrängt Wasser (links oben).

Die verdrängte Wassermenge wiegt soviel wie der Apfel (rechts oben).

Wird der Apfel untergetaucht, so wiegt das dadurch verdrängte Wasser mehr als der Apfel. Das ist übrigens die allgemeine Bedingung für das Schwimmen.

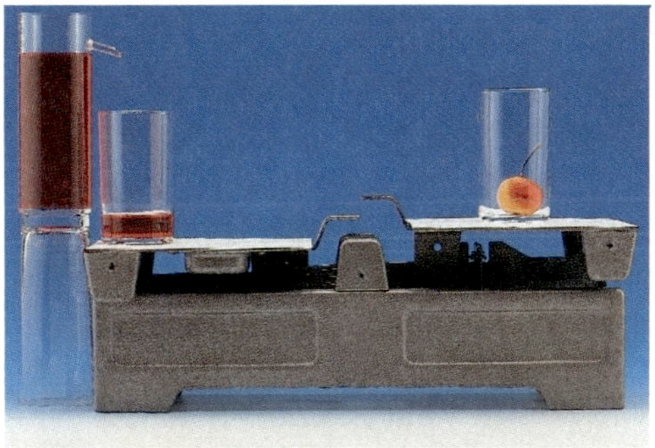

schwerer als die von ihm verdrängte Wassermenge. Ein Stahlwürfel aber schwimmt z. B. in flüssigem Quecksilber. Quecksilber hat eine weitaus höhere Dichte als Wasser. Die von dem Würfel verdrängte Flüssigkeitsmenge – das Quecksilber – wiegt genauso viel wie der Würfel. Die beim vollständigen Eintauchen des Wassers verdrängte Quecksilbermenge ist schwerer als der Körper selbst. Deshalb schwimmt Stahl in Quecksilber. Auch die Eiswürfel in unserem Kunststück verdrängen Wasser – genauso viel Wasser, wie sie wiegen. Schmelzen die Eiswürfel, so werden sie ja wiederum zu Wasser. Und das nimmt genau das Volumen des vorher verdrängten Wassers ein. Damit ist verständlich, warum der Wasserspiegel beim Schmelzen der Eiswürfel gleich bleibt. Und warum die Amerikaner in jedes Glas viele Eiswürfel geben – sie sparen Getränk, beim Schmelzen läuft das Glas nicht über.

Tricks und Tips:

Wenn Sie statt Wasser z. B. Whisky, mit Wasser gemischt, nehmen, ändert sich selbstverständlich das Ergebnis, weil die Dichte der beiden Flüssigkeiten nicht übereinstimmt. Praktisch ist das aber kaum zu sehen. Die Dichte der Flüssigkeit, auf der etwas schwimmen soll, spielt auch bei der Schiffahrt eine Rolle. Ein Schiff taucht in Salzwasser weniger tief ein als in Süßwasser. Das hat dieselbe Ursache wie das Kunststück mit dem Ei. In Süßwasser versinkt das Ei, weil das Gewicht der von ihm verdrängten Wassermenge kleiner als das Eigengewicht ist. Im Salzwasser wird zwar beim vollständigen Untertauchen des Eies das gleiche Volumen an Wasser verdrängt, aber dieses Wasser ist schwerer als Süßwasser, weil hier die Salzteilchen in ihm gelöst sind. Im Salzwasser sind die Gewichtsbedingungen für das Schwimmen wieder erfüllt – deshalb schwimmt das Ei. Selbstverständlich hängt das von der Salzkonzentration im Wasser ab. Meerwasser enthält, bezogen auf sein Gewicht, zwei bis drei Prozent Salz. Deshalb schwimmt es sich im Meer leichter als im Süßwasser. Ganz extrem ist es im Toten Meer mit einem Salzgehalt von 27 Prozent. Hier kann man auf der Wasseroberfläche liegen und Zeitung lesen. Auch für Schiffe ist der Salzgehalt des Wassers wichtig, denn wenn ein Schiff im sehr salzhaltigen Roten Meer beladen wird, kann es in der salzärmeren Ostsee oder in einem Frischwasserhafen tiefer einsinken. An Schiffen gibt es deshalb sogenannte Freibordmarken, die u. a. auch für den jeweiligen Salzgehalt des Wassers das zulässige Ladungsgewicht angeben.

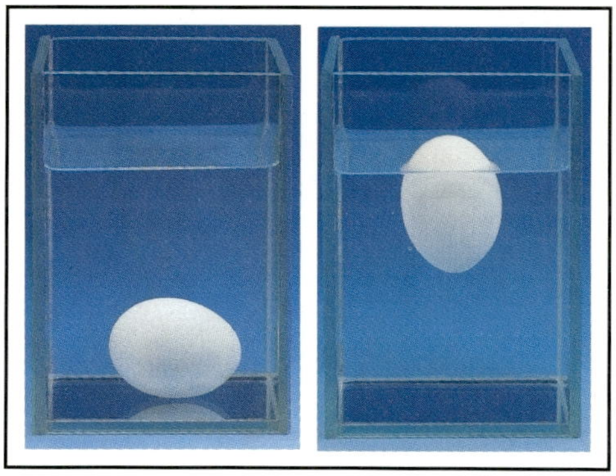

Fische schwimmen – oder vielmehr schweben – im Wasser. Dazu müssen sie mit ihrem Körper die Menge Wasser verdrängen, die genauso viel wiegt wie sie selbst. Das regeln die Fische mit ihrer Schwimmblase, die sie über eine Gasdüse mehr oder weniger ausdehnen. Damit ist das Volumen des Fischkörpers der jeweiligen Tauchtiefe angepaßt, in der er schweben will. Schwierig wird es, wenn Fische zu anderen Wassertiefen wechseln. Mit zu-

nehmender Tiefe steigt ja der Wasserdruck, weil der Fischkörper mehr Wasser über sich „tragen“ muß. Der zunehmende Druck preßt die Fischblase zusammen, der Fisch sinkt also beim Hinabtauchen immer schneller. Der Fischkörper verdrängt ja durch das Schrumpfen immer weniger Wasser, und das Wasser ist ja kaum zusammenpreßbar. Einige Leute behaupten, daß der Fisch diesen Druck ausgleicht. Er pumpt beim Tauchen die Fischblase auf und hält so seine körperliche Ausdehnung und damit den Auftrieb konstant – trotz des größeren Wasserdrucks in der Tiefe. Gegen diese Annahme spricht, daß der Fisch den Gasdruck in der Fischblase nicht sehr schnell regeln kann. Die Funktion der Fischblase ist vielmehr, den Fisch auf einer bestimmten Wassertiefe zu halten. Darauf stellt er mit ihrer Hilfe sein Volumen ein. In dieser Tiefe „schwebt“ dann der Fisch. Taucht er tiefer, so wird er dabei durch das Zusammendrücken der Blase durch den steigenden Wasserdruck schneller sinken, steigt er auf, so geht das auch schneller, wenn er die „eingestellte“ Tauchtiefe überschreitet. Der abnehmende Wasserdruck läßt die Fischblase größer werden, das größere Körpervolumen verdrängt mehr Wasser, der Auftrieb wird immer größer. Die Fischblase hat offenbar eine relativ passive Rolle beim Tiefenwechsel – die Flossen sind auch hier wichtig.

Ein U-Boot mit einer flexiblen Außenhaut hat beim Tauchen dasselbe Problem wie der Fisch. In größerer Wassertiefe wird die Hülle des U-Boots durch den steigenden Wasserdruck immer stärker zusammengedrückt. Deshalb beginnt das U-Boot immer schneller zu sinken, weil es ja jetzt bei gleichbleibendem Gewicht weniger Wasser verdrängt. Eine gefährliche Situation für ein U-Boot mit zusammendrückbarer Außenhaut. Es muß sich über die Ballasttanks einen Gewichtsausgleich schaffen, um die rasende Fahrt in die Tiefe zu stoppen. Für moderne U-Boote ist das Schrumpfen zu vernachlässigen. Ihre Stahlhülle – und damit das Volumen – schrumpft um zwei bis drei Promille, das entspricht etwa drei Tonnen Auftriebsverlust. Diese Situation kann leicht durch die Auftriebsänderung in den Ballasttanks oder durch Gegensteuern mit dem Antrieb ausgeglichen werden. Stärker wirkt sich die schwankende Seewasserdichte durch den unterschiedlichen Salzgehalt aus. Das kann zu Auftriebsverlusten von bis zu drei Prozent führen. Eine Regelzelle kontrolliert deshalb automatisch die Stabilität des U-Boots in Abhängigkeit von den Wasserbedingungen.

23

Das brennende Taschentuch

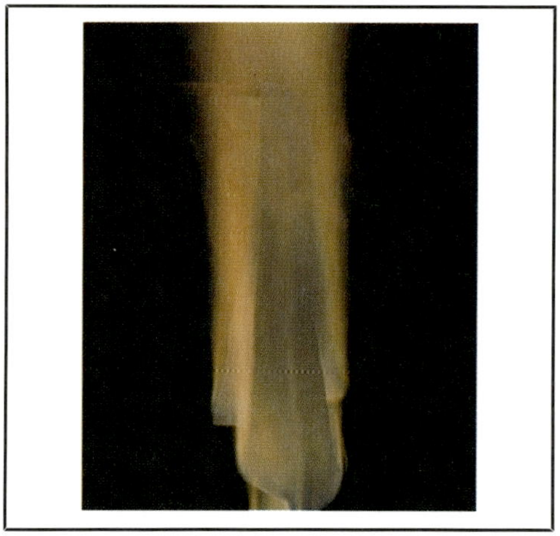

Das Kunststück:

Ein nasses Taschentuch wird in Brennspiritus getaucht und dann angezündet. Die Flamme ist deutlich zu sehen, aber nach dem Verlöschen ist das Taschentuch immer noch unversehrt. Noch besser gelingt das Kunststück, wenn Sie das Taschentuch mit Salzwasser naß machen.

Das knoff-hoff:

Was verbrennt, sind die Brennspiritusdämpfe. Das Wasser schützt den Stoff vor dem Verbrennen. Es verdampft und nimmt dadurch Teile der Energie – die Hitze – auf. Erst wenn alles Wasser verdampft ist, würde der Stoff seine Verbrennungstemperatur erreichen. Deshalb muß die Mischung aus Alkohol und Wasser so bemessen sein, daß die Alkoholdämpfe verbrannt sind, bevor das Taschentuch seine Feuchtigkeit verloren hat. Das Salz unterstützt die Schutzwirkung. Es legt sich – nach dem Verdunsten des Wassers – als dünne Schicht um den Stoff des Taschentuchs. Außerdem färbt es die Flamme gelb.

Tricks und Tips:

Bitte versuchen Sie dieses Kunststück zunächst mit einem alten Taschentuch. Falten im Stoff lassen das Tuch leicht anbrennen. Gehen Sie mit dem Brennspiritus äußerst vorsichtig und in kleinen Mengen um – bereiten Sie eine Löschmöglichkeit vor. Möglichst kurz nach dem Eintauchen in den Brennspiritus muß das Taschentuch angezündet werden. Die brennbaren Dämpfe verflüchtigen sich sonst zu schnell. Diese schützende Wirkung eines Wasserfilms können Sie leicht am eigenen Leib erfahren. Feuchten Sie Ihren Finger an, und bewegen Sie ihn langsam durch eine Kerzenflamme. Sie werden keinen Schmerz spüren. Wiederum nimmt zunächst das Wasser die Energie – die Hitze – der Flamme auf. Sie wird dazu benutzt, um das Wasser in Wasserdampf umzuwandeln. Ist der Wasserfilm verbraucht, sind Sie schon längst mit dem Finger aus der Gefahrenzone heraus. Oft genügt schon der Schweiß, der sich auf der Haut bildet, um dieses Kunststück durchzuführen – Angstschweiß ist hier sogar erwünscht. In manchen Ländern laufen Menschen barfuß über heiße Kohlen. Seit einiger Zeit gibt es auch in Europa Gruppen,

die daraus einen Bestandteil eines mystischen Rituals machen. Sicher ist, daß auch bei diesem Trick die Feuchtigkeit der Haut eine Rolle spielt. So konnten Wissenschaftler in Selbstversuchen zeigen, daß trotz Spitzentemperaturen von 200 °C in der Hornhaut eine Holzkohlenglut barfuß ohne Schaden überquert werden kann. Dazu bedurfte es keiner besonderen Vorbereitungen – auch nicht spiritueller Art! Der Feuerläufer auf Mauritius zeigt dieses Kunststück zwar in religiöser Umgebung, ist aber schlau genug, um anschließend ins Wasserbekken zu steigen. Es kommt vor, daß glühende Holzkohleteilchen zwischen den Zehen haften bleiben, und das kann unangenehm sein. Der Hautschweiß und die Hornhaut sind ein guter Schutz gegen kurzzeitigen Feuerkontakt. Unsere tief verwurzelte Zurückhaltung gegenüber dem Feuer lassen diesen Versuch zum Kunststück werden.

In manchen Gegenden tauchen die Feuerläufer ihre Füße vor dem Durchqueren der Glut in eine Alaunlösung. Alaun ist Kaliumaluminiumsulfat: $KAl(SO_4)_2 \cdot 12H_2O$.

Das in der Formel angegebene Kristallwasser entweicht schon bei leichtem Glühen, und damit ist die Wirkung auf die Feuerläufer klar. Mit diesem Pulver bilden sie zu ihrem Streß- oder Angstschweiß ein zusätzliches Wasser- und Dampfpolster. Dieser Trick ist schon seit der Antike bekannt. Dennoch ist Vorsicht bei Selbstversuchen geboten. Fest steht, daß eine scheinreligiöse Zeremonie nicht vor Verbrennungen schützt. Auch das erstaunliche Kunststück, glühendes Eisen mit der Zunge zu berühren, ist auf die energieschluckende Eigenschaft des Verdampfens zurückzuführen.

24

Das zitternde Geldstück

Das Kunststück:

Mit einem Stück Trockeneis können Sie erstaunliche Kunststücke vollführen. Trockeneis ist gefrorenes Kohlendioxid, ein Gas also, das sich bei Temperaturen unter −79° Celsius verfestigt. In das Trockeneis wird eine kleine Vertiefung gemacht und schräg ein Fünfmarkstück aufgepreßt. Plötzlich beginnt dieses, sich zu bewegen und hin- und herzuklappern – sicher nicht vor Kälte.

Das knoff-hoff:

Besonders gut geht das Kunststück mit einem angewärmten Geldstück. Die Ursache für das Klappern ist das Kohlendioxid, das bei Zimmertemperatur selbstverständlich in den gasförmigen Zustand übergeht, und zwar ohne die flüssige Phase zu durchlaufen. Das Geldstück liegt schräg auf der Trockeneisfläche, die heftig Gas abgibt; denn fest ist das Kohlendioxid ja nur bei −79° Celsius. Das Gas hebt das Geldstück an und kann entweichen. Durch die Schräglage und die Verankerung in dem Schlitz fällt das Geldstück im nächsten Augenblick zurück, und das Gaspolster baut sich von neuem auf usw. Die heftige Gasfreisetzung ist besonders gut unter Wasser zu beobachten. Ein Stückchen Trockeneis, in Wasser geworfen, zeigt, wie die Kohlendioxid-Gasblasen nach oben steigen. Nebel entsteht über dem Wasser, weil die noch sehr kalten Gasblasen das Wasser aus der umgebenden Luft kondensieren. Dieser Trick wird z. B. zur Nebelproduktion im Fernsehstudio benutzt. Der Nebel „kriecht“ über den Studioboden, weil das Kohlendioxid schwerer als Luft ist. Schlagersänger waten gerne in solchen Nebelschwaden. Daß das Trockeneis nicht schwimmt, zeigt übrigens, daß es eine höhere Dichte als Wassereis hat. Auch sonst besitzt Trockeneis andere Eigenschaften als das uns vertraute Eis aus Wasser. Würden Sie auf dem Trockeneis versuchen, Schlittschuh zu laufen, so kämen Sie schnell ins Stolpern – vom

Gleiten ist hier nichts zu spüren. Auf Eis aus Wasser gelingt das Schlittschuhlaufen, weil sich durch den Druck der Kufen ein dünner Wasserfilm bildet, auf dem das Rutschen so einfach ist – beim Trockeneis fehlt diese flüssige Phase. Das ist auch gut an diesem Kunststück zu sehen: Füllt man kleine Stücke des gefrorenen Kohlendioxids in einen Luftballon und bindet ihn dann zu, so bläst er sich selbständig auf. Das Kohlendioxid wird gasförmig und dehnt sich aus.

Tricks und Tips:

Nach einiger Zeit nimmt die Freisetzung der Gasblasen unter Wasser ab. Das liegt an der Eisschicht aus Wasser, die das Trockeneis überzieht, denn −79° Celsius lassen Wasser allzuleicht gefrieren. Das sich ablösende Gas sprengt jedoch diese Eisschicht immer wieder ab. Heißes Wasser verbessert den Effekt der Nebelbildung, den man auch durch Zerbrechen des Trockeneisstückchens erreichen kann. Noch ein Trick mit dem Trockeneis:

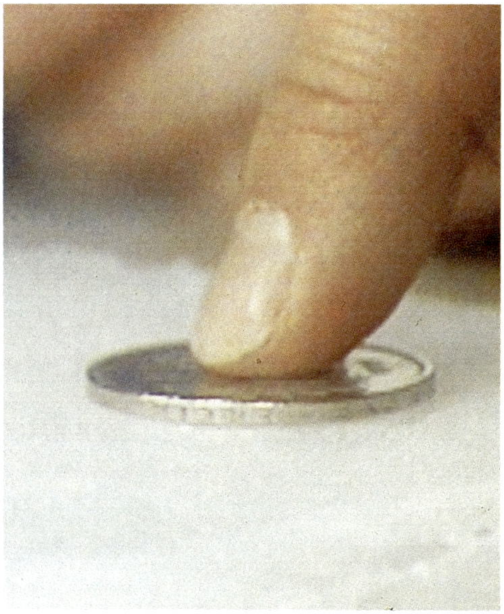

Drückt man die Münze auf die Trockeneisfläche, so sind quietschende Geräusche zu hören. Je stärker der Druck auf die Fläche, um so kräftiger sind die Töne. Klar ist, was dabei passiert: Durch den Druck der Münze können die Gasblasen nicht sofort entweichen. Ein Überdruck baut sich an der rauhen Metalloberfläche auf, der dann schlagartig zurückgeht, wenn sich die Gase herausquetschen. Dabei entstehen die Töne.

25

Zauberei mit der Kerze

Das Kunststück:

Wenn Sie ein kleines Stückchen Trockeneis in ein Glas legen, wird es nach kurzer Zeit gasförmig und verschwindet. Wo ist aber das Kohlendioxidgas geblieben? Kippen Sie das offenbar leere Glas über Kerzen, die sich in einem Behälter befinden, so verlöschen die Kerzenflammen. Auch das ist kein Zaubertrick, sondern leicht erklärbar.

Das knoff-hoff:

Selbstverständlich ist das Glas, nachdem das Trockeneis verschwunden ist, nicht leer. Das jetzt gasförmige Kohlendioxid ist schwerer als Luft und befindet sich unsichtbar im Glas. Kippen Sie das Glas über den Kerzen aus, so fließt das Kohlendioxid in den Behälter mit den Kerzen und verdrängt die dort vorhandene Luft. Die Kerzenflamme benötigt aber Sauerstoff zum Brennen – Kohlendioxid erstickt die Flamme. Wie sich der Behälter langsam mit dem Kohlendioxid füllt, ist durch das Verlöschen der Kerzenflammen in verschiedenen Höhen zu beobachten. Einige Feuerlöscher enthalten gefrorenes Kohlendioxid. Beim Löschen kommt es als „Schnee“ aus dem Löscher. Nach einiger Zeit ist dieser Schnee – wie durch Zauberei – verschwunden. Das gasförmige Kohlendioxid erstickt die Flammen.

Tricks und Tips:

Das Kohlendioxidgas ist auch durch folgendes Kunststück indirekt sichtbar zu machen: In einen Glasbehälter werden Trockeneisscheiben gelegt. Bläst man nun Seifenblasen in das Aquarium, so sinken sie nicht – wie üblich – nach unten, sondern schweben auf dem unsichtbaren Kohlendioxidgas. Klar, warum. Die Luft in den Seifenblasen ist leichter als das Kohlendioxid, deshalb „schwimmen" die Seifenblasen. In normaler Luft übrigens sinken die Seifenblasen wegen der Oberflächenspannung der Seifenhaut nach unten. Sie preßt die Luft im Inneren der Seifenblase zusammen. Die Luft im Inneren ist deshalb dichter als die Umgebungsluft und damit auch schwerer. Kohlendioxid verdrängt auch beim Einatmen den Sauerstoff in der Lunge. Gefährlich also für den Menschen. Bei der Gärung entsteht z. B. Kohlendioxid – es findet sich am Boden eines Weinkellers. Weil es nicht zu sehen und auch nicht zu riechen ist, benutzt der Winzer zum Test eine brennende Kerze. Verlöscht sie am Boden, so ist er gewarnt.

Ein Naturereignis hat 1986 gezeigt, wie verheerend sich Kohlendioxid auswirken kann. Im Nyossee in Kamerun stieg plötzlich eine riesige Gasblase aus Kohlendioxid auf und verteilte sich in die umliegenden Dörfer. Über tausend Menschen wurden im Schlaf davon überrascht und kamen durch diese lautlos kriechende Gaswolke um. Der See liegt in einem erloschenen Krater. In tiefen, heißen Gesteinsschichten sammelte sich durch vulkanische Aktivitäten und die damit verbundenen chemischen Reaktionen das CO_2 und wurde dann wahrscheinlich durch ein leichtes Erdbeben nach oben gepreßt.

Der Nyossee in Westafrika, aus dem die CO_2-Wolke in die Seitentäler vordrang

26

Was sich dreht, ist stabil

Das Kunststück:

Ein Kreisel dreht sich nicht nur, sondern durch die Drehung bekommt er auch geheimnisvolle Eigenschaften. Läßt man einen Kreisel auf einem Tablett rotieren, so kann man ihn hochwerfen und ihn wieder auffangen. In der Luft dreht er sich weiter. Er behält seine Drehachse bei, als ob nichts geschehen wäre, und trifft in der gleichen Lage wieder auf das Tablett.

Diese Stabilität merken wir auch beim Fahrradfahren – wenn sich die Räder drehen, ist von Umkippen keine Rede mehr. Und Motorradfahrer wissen, wie schwer während der Fahrt das Lenkrad zu bewegen ist. Das sich drehende Vorderrad will in seiner Lage verharren. Auch das Einrad erhält erst durch die Drehung während der Fahrt seine Stabilität.

Viel mehr Kunststücke kann man mit einem speziell gelagerten Kreisel machen, der mit einem Faden aufgezogen wird. Wenn er rotiert, kann man ihn ohne Schwierigkeiten auf einem dünnen Seil balancieren lassen.

Noch erstaunlicher ist es, wenn die Kraft des drehenden Kreisels ausreicht, mit einer horizontal ausgerichteten Achse stabil zu bleiben. Ohne Drehung fällt er sofort herunter.

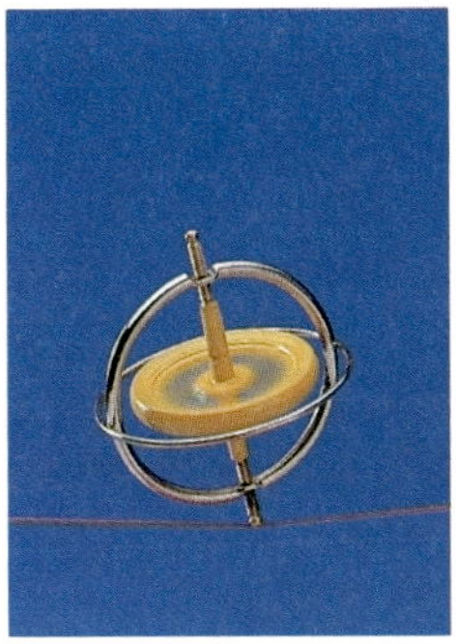

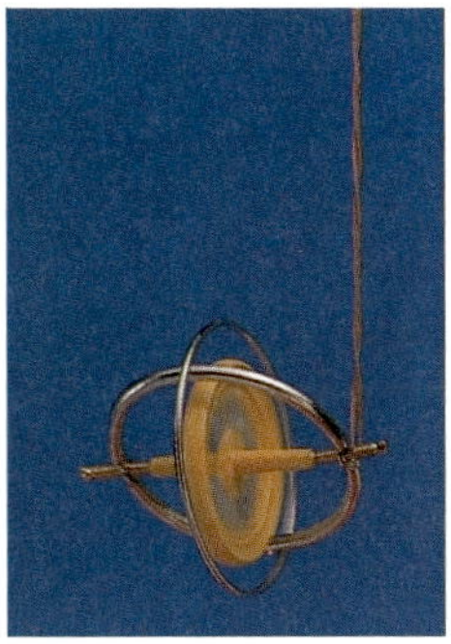

Das knoff-hoff:

Der hier gezeigte Koffer verharrt offenbar gerne in dieser für ihn ungewöhnlichen Lage. Nur langsam senkt er sich auf den Boden. Will man ihn kippen, so verhält er sich äußerst widerspenstig.

Das Geheimnis steckt in dem Koffer: Ein Kreisel, der mit 6000 Umdrehungen pro Minute um die eigene Achse laufen kann. Diese Achse will selbstverständlich im Raum stabil bleiben – deshalb der ungewöhnliche Kampf mit dem Koffer.

Diese Stabilität eines sich drehenden Objekts wird z. B. in der Raumfahrt ausgenutzt. Beim Start eines Nachrichtensatelliten aus dem Space-Shuttle bekommt der Satellit eine Anfangsdrehung – einen Spin. Damit entfernt sich der Satellit stabil von der Raumfähre – dann erst wird der Raketenmotor gezündet. Hat der Satellit die vorgesehene Umlaufbahn erreicht, so wird der Kreisel aus unserem Koffer für seine Stabilität wichtig. Das Kreiselrad wird mit einem Elektromotor auf Touren gebracht. Der Satellit hält die Position, die ihm die Drehachse des Kreisels in seinem Inneren vorgibt. Damit ist es möglich, die Antennen der Satelliten exakt auf eine bestimmte Region der Erde ausgerichtet zu halten.

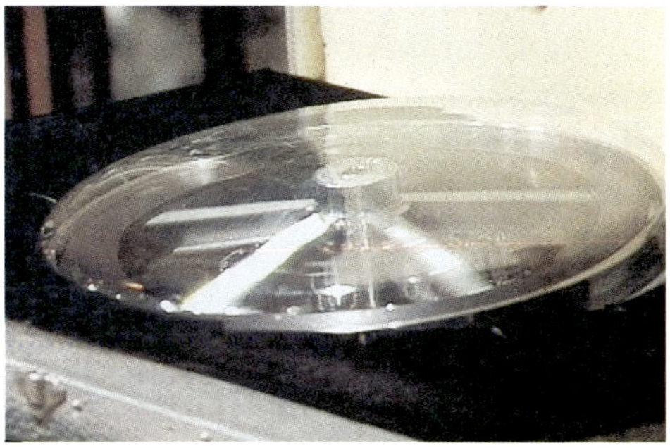

In Drehungen stecken noch andere Überraschungen. Eine Kette hängt an einem Stab, der mit einer regelbaren Bohrmaschine in Rotation gebracht werden kann. Die Kette verhält sich zunächst so, wie Sie es erwarten: Sie breitet sich symmetrisch von der

Drehachse aus. Dann aber gefällt es ihr nicht mehr in dieser Lage – sie schnappt zusammen und wählt als Drehachse ihren Befestigungspunkt. Diese Lage wird offensichtlich bei einer Drehung von der Kette bevorzugt.

Eine ähnliche Überraschung liefert eine Zigarrenkiste. Wirft man sie in die Luft, so kann sie um drei sogenannte freie Achsen rotieren. Die Rotation ist vom Abstand der Massenteilchen von der jeweiligen Drehachse abhängig. Bei der Achse A ist für die meisten Teilchen der Abstand sehr groß, im Fall B etwas kleiner und wenn die Drehachse C gewählt wird, am kleinsten.

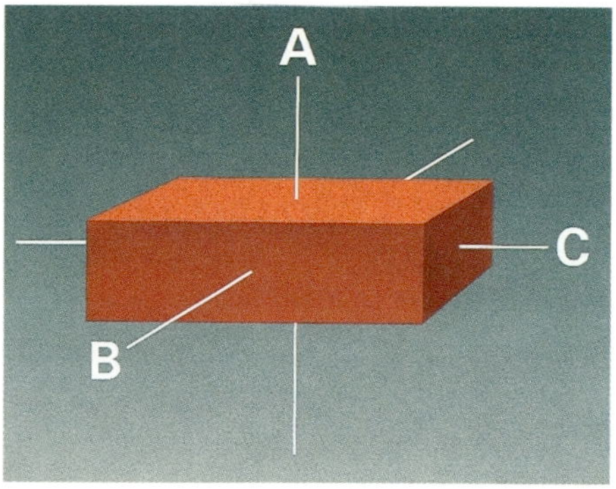

Es gelingt sehr leicht, beim Hochwerfen die Zigarrenkiste um die Achse A drehen zu lassen – auch die Achse C ist als Drehachse relativ stabil. Versucht man jedoch, die Kiste um die Achse B zu drehen, so torkelt sie und versucht, in eine andere Lage zu kommen. Ähnlich wie bei der Kette sind einige Drehachsen offenbar nicht so erwünscht. Was auf der Erde unter dem Einfluß der Schwerkraft geschieht, muß nicht unbedingt in der Schwerelosigkeit des Weltraums funktionieren. Der Astronaut Reinhard Furrer hat deshalb das Experiment mit der Kiste im Space-Shuttle durchgeführt. Ein Elektromotor sorgte für die Anfangsrotation. Dann drehte sich die Kiste um ihre freien Achsen. Es zeigte

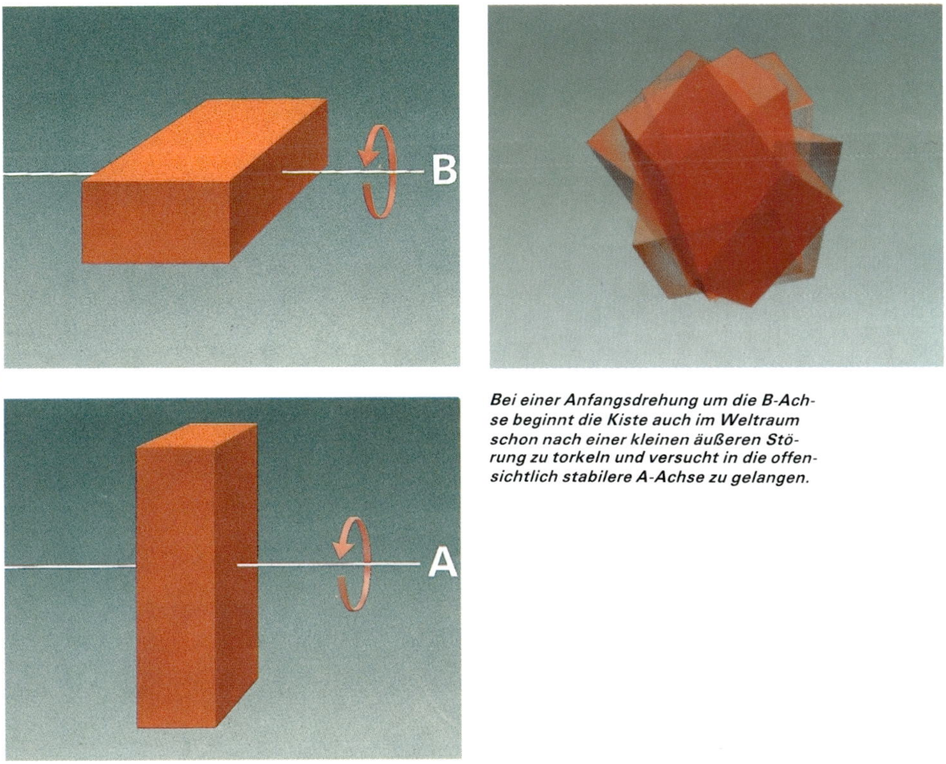

Bei einer Anfangsdrehung um die B-Achse beginnt die Kiste auch im Weltraum schon nach einer kleinen äußeren Störung zu torkeln und versucht in die offensichtlich stabilere A-Achse zu gelangen.

sich, daß die Torkelbewegungen auch im Weltraum zu beobachten waren.

So war die Drehung um die Achse A relativ stabil; auch nach einem Anstoß versuchte die Kiste, diese Drehachse beizubehalten. Die Achse B nun erwies sich als äußerst instabil – sie versuchte, in die Achse A zu torkeln. Solche Experimente sehen aus wie Spielereien, sind aber wichtig für die Bestätigung von Theorien in der Physik.

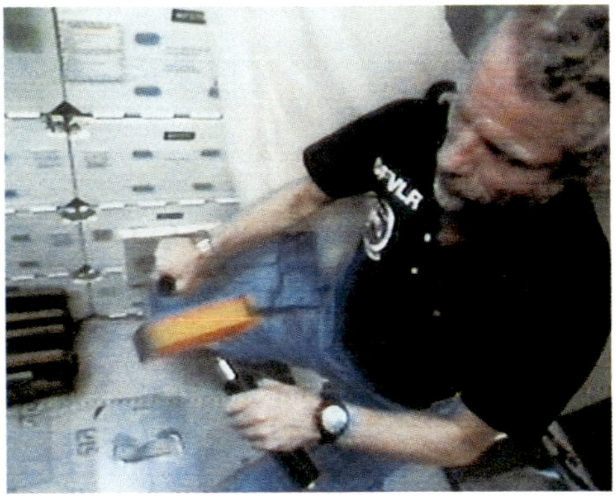

Tricks und Tips:

Wenn Sie im Spielzeugladen ein Gyroskop kaufen – so heißt der Kreisel mit der speziellen Lagerung –, achten Sie darauf, daß es keine Unwucht hat; die meisten sind unbrauchbar.
Den Kreisel auf dem Tablett kann man sich auch gegenseitig zuwerfen. Ein interessantes Spiel, nicht nur für Kinder.
Übrigens, auch unsere Erde hat ihre stabile Lage im Weltraum von der rasanten Drehung um ihre eigene Achse – deshalb kehren die Jahreszeiten so regelmäßig wieder.

27

Strom aus Sand

Das Kunststück:

Jeder hat diese Möglichkeit, Strom zu erzeugen, schon gesehen. Solarzellen wandeln das Sonnenlicht in elektrischen Strom um. Neu sind nur die Ideen, wie dieser so erzeugte Strom genutzt wird. Skurril ist der Tropenhelm, auf dem eine Solarzelle den elektrischen Strom für einen Ventilator liefert. Ein Gag für den modernen Touristen in Afrika oder in anderen heißen Ländern. Oder Solarmobile fahren mit elektrischem Strom, der aus der Sonnenzelle kommt. So verführerisch die Idee auch ist, immer noch liefern hier mitgeführte Batterien den Hauptanteil der Energie. Dieses Solarmobil dient mehr symbolisch als Werbung für diese elegante Methode, elektrischen Strom zu erzeugen.

Ernsthafte Anwendungen der Solarzellen gibt es in der Raumfahrt. Hier dienen Solarzellen zur Energieversorgung von Nachrichtensatelliten. Auf der Erde erfüllen sie überall da ihre Aufgabe, wo es keinen Stromanschluß gibt und wo es unmöglich oder zu teuer ist, Stromleitungen zu legen, z. B. zur Versorgung von abgelegenen Telefonstationen. Außerdem versucht man heute verstärkt, die Möglichkeit zu testen, den über Solarzellen er-

zeugten Strom in größerem Maßstab zur Zerlegung von Wasser zu benutzen. Dabei entsteht Wasserstoff, der für die verschiedenen Anwendungen dann die gespeicherte Energie liefert, wenn er verbrannt wird.

Noch relativ weit entfernt ist man heute von der Realisierung dieses Vorhabens im großtechnischen Maßstab. In Taschenrechnern und Uhren werden Solarzellen angewendet. Das ist sinnvoll, denn mit geschickt aufgebauten Speichern für die Elektronen kann man so auf die giftigen Quecksilber- oder Cadmiumbatterien verzichten.

Solarzellen stehen zur Verfügung – jedermann kann sich überlegen, was man mit diesen dünnen Scheiben, die Licht in elektrischen Strom umwandeln, anfangen kann.

Das knoff-hoff:

Materialien teilt man ja auch danach ein, ob sie den elektrischen Strom leiten oder nicht. In der Mikrostruktur stellt man sich diese Leitfähigkeit so vor, daß einzelne Bänder existieren, die entweder mit Elektronen gefüllt sind oder nicht. Ein Isolator hat in seinem Band so viele Elektronen hineingequetscht, daß sie sich nicht bewegen können. Ein elektrischer Strom kann also nicht fließen. Bei elektrischen Leitern ist das Leitungsband mit Elektronen gefüllt – sie sind aber nicht so dicht gepackt und können sich bewegen, bei einer angelegten Spannung fließt also ein Strom. Nun gibt es auch noch Materialien, bei denen man Elektronen aus dem dicht besetzten Elektronensee in ein Leitungsband hochheben kann. Bei den Sonnenzel-

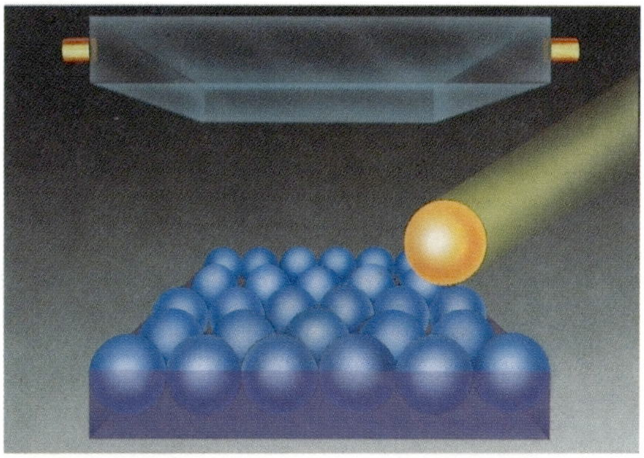

Ein Lichtteilchen trifft auf ein mit Elektronen gefülltes Band eines Halbleiters.

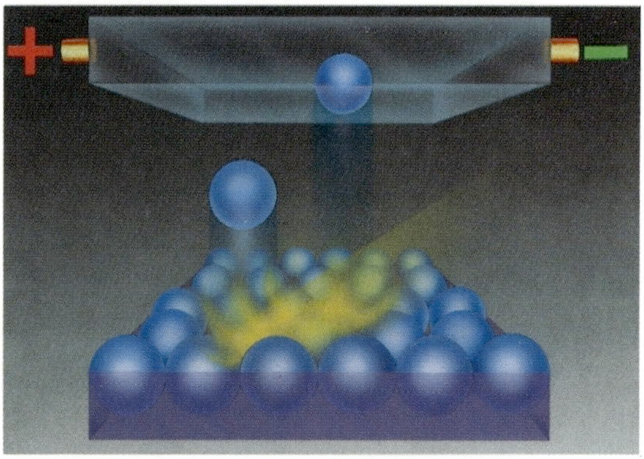

Die Energie des Lichtteilchens reicht aus, um Elektronen in das Leitungsband zu heben. Es fließt ein elektrischer Strom.

len übernehmen die auftreffenden Lichtteilchen diese Aufgabe. Mit diesem Trick ist es möglich, daß ein elektrischer Strom fließt. Die Lichtteilchen heben die Elektronen in das Leitungsband, und damit wird Lichtenergie in elektrische Energie umgewandelt.

Tricks und Tips:

Diese Umwandlung der Energie in den Materialien der Solarzellen stößt auf Grenzen. Durchschnittliche Sonnenzellen wandeln bis zu 16 Prozent des Sonnenlichtes in elektrischen Strom um. 1 m^2 Fläche erzeugt ungefähr 100 Watt Leistung. Vor einigen Jahren waren Solarzellen noch sehr teuer – sie wurden aus sogenannten Silizium-Einkristallen geschnitten. Bald konnte der photoelektrische Effekt auch bei polykristallinem Silizium erreicht werden. Eine solche Solarzelle besteht aus vielen kleinen Einkristallen. Sie ist billiger in der Herstellung – jedoch ist ihr Wirkungsgrad niedriger (13 Prozent). Das liegt daran, daß an den Berührungspunkten der kleinen Einkristalle – den Korngrenzen – einige der auf das Leitungsband hochgehobenen Elektronen wieder herunterfallen und damit dem Stromfluß entzogen werden.

Heute favorisieren viele Wissenschaftler auch amorphes Silizium. Das Material wird hauchdünn auf flexible Unterlagen gespritzt. Die kristalline Struktur ist beim amorphen Silizium kaum ausgebildet. Der Wirkungsgrad ist entsprechend niedriger – etwa sechs bis acht Prozent.

Auch andere Halbleitermaterialien werden für die Solarzellen ausprobiert. Sie sind jedoch teurer als das Silizium und überdies noch giftig.

Ein Solarmobil mit Pedalantrieb

Den Bandabstand kann man durch Einbringen von Fremdatomen variieren, so daß bestimmte Wellenlängen des Lichts zur Anregung der Elektronen ausgenutzt werden. So ist kristallines Silizium mehr rotempfindlich, während amorphes Silizium stärker den Blauanteil des Sonnenlichts absorbiert. Zur Erhöhung des Wirkungsgrades ist deshalb eine Sandwichzelle denkbar. Dazu werden amorphes und kristallines Silizium übereinandergeschichtet. Jede einzelne Schicht nutzt eine andere Wellenlänge des Sonnenlichtes aus, so daß sich die Wirkungsgrade erhöhen. Künftig ist in dieser Technik noch einiges zu erwarten.

28

Leuchtende Körner

Das Kunststück:

Licht kann man auf verschiedene Weise erzeugen. Die folgende ist besonders raffiniert. Über eine spitze Elektrode wird an einen kleinen Würfel, der wie ein Sandkorn aussieht, eine Spannung von etwa 1,5 Volt angelegt – das Sandkorn leuchtet gelb auf. So einfach ist es, Licht zu erzeugen. Dabei glühen diese Körner nicht, sondern das Licht wird mit dieser niedrigen Spannung auf andere Weise erzeugt.

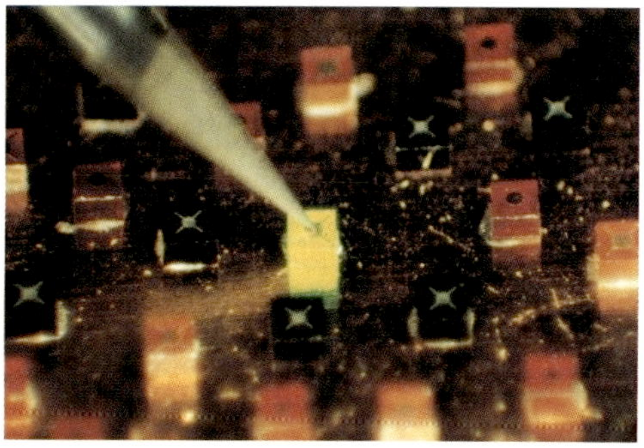

Das knoff-hoff:

Das Material, aus dem die Körner bestehen, ist ein Halbleiter. In solchen „Festkörpern" denkt man sich die Elektronen in Bändern angeordnet, die verschiedene Energien repräsentieren (s. K. 27). Diese Vorstellung steht in Verbindung mit dem Atommodell, in dem sich ja die Elektronen in verschiedenen Bahnen aufhalten. Im Festkörper, einer Aneinanderreihung von Atomen, sind diese Bahnen zu Energiebändern aufgebogen. Die an das Korn gelegte elektrische Spannung hebt nun Elektronen auf ein höheres Energieband. Diese Elektronen fallen nach einiger Zeit wieder auf das energetisch niedrigere Band herunter. Die vorher aufgenommene Energie wird in Licht umgewandelt und abgestrahlt. Je nach dem Abstand der beiden Bänder ist das Licht gelb, rot oder grün. Grünes Licht ist energiereicher als rotes – der Abstand der Energiebänder an diesem Halbleiter muß also größer sein. Bei blauem Licht ist dieser Abstand noch größer.
Auch in einem Glühdraht entsteht Licht durch solche Elektronensprünge. Durch den elektrischen Widerstand wird der Draht beim Durchfließen eines Stromes erwärmt. Die Atome bewegen sich heftig hin und her. Durch diese Stöße werden Elektronen auf ein höheres Energieniveau gehoben. Sie fallen nach einiger Zeit wieder herunter und strahlen dabei Licht ab. Bei der Glühlampe ist die Methode der Lichterzeugung sehr aufwendig – nur ein kleiner Teil der hineingesteckten Energie kann zur Lichtausbeute benutzt werden. Der andere Teil geht durch die Wärmebewegung verloren. Bei den Halbleitern ist die Methode, Elektronen auf das höhere Energieniveau zu heben, eleganter. Nahezu verlustfrei geschieht das hier. Im Ver-

Eine angelegte elektrische Spannung hebt Elektronen auf ein höheres Energieband.

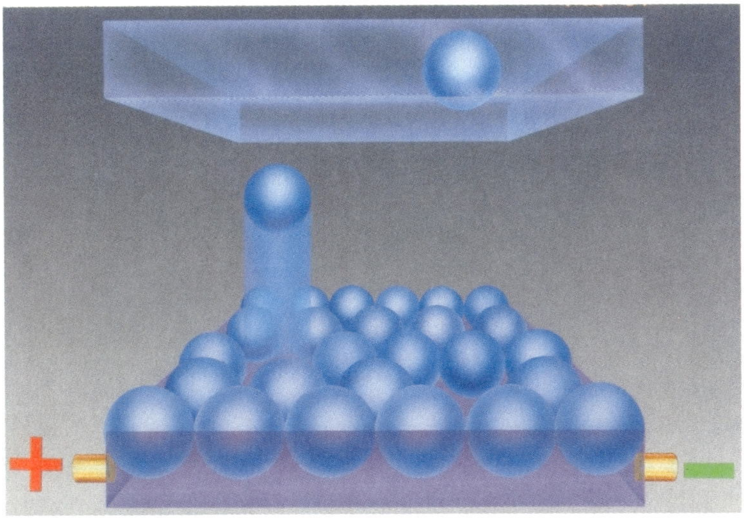

Nach einiger Zeit fallen die Elektronen wieder auf das untere Band zurück. Die dabei frei werdende Energie wird als Licht abgestrahlt.

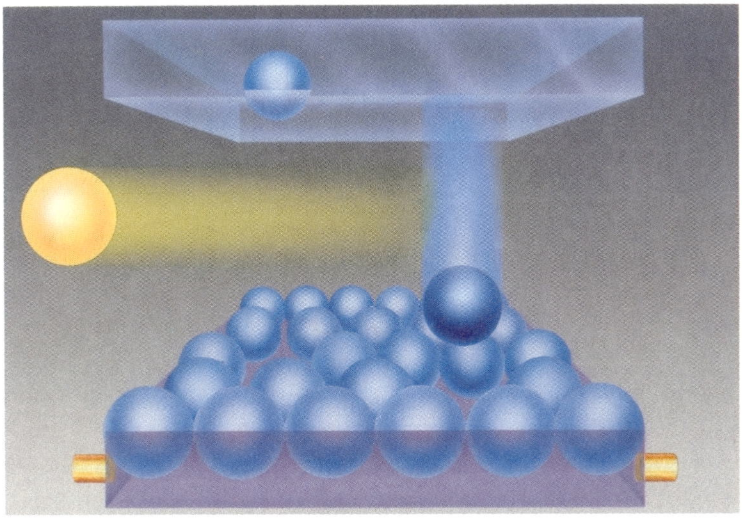

gleich zu den Glühlampen spricht man deshalb von „kaltem Licht".

Tricks und Tips:

Diese kleinen Halbleiterkörner (Bild rechts) werden in Metallspiegel gelegt und verdrahtet. Eine Kunststoffhaut schützt das Korn – und fertig ist eine kleine Lampe, die Sie unter dem Namen LED-Lampe kennen. LED ist die Abkürzung für: **l**ight **e**mitting **d**iode. Solche Lampen können in jedem Elektronikgeschäft gekauft werden. Be-

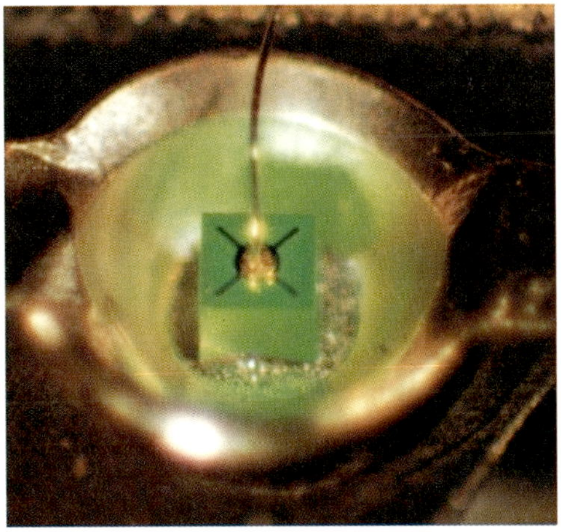

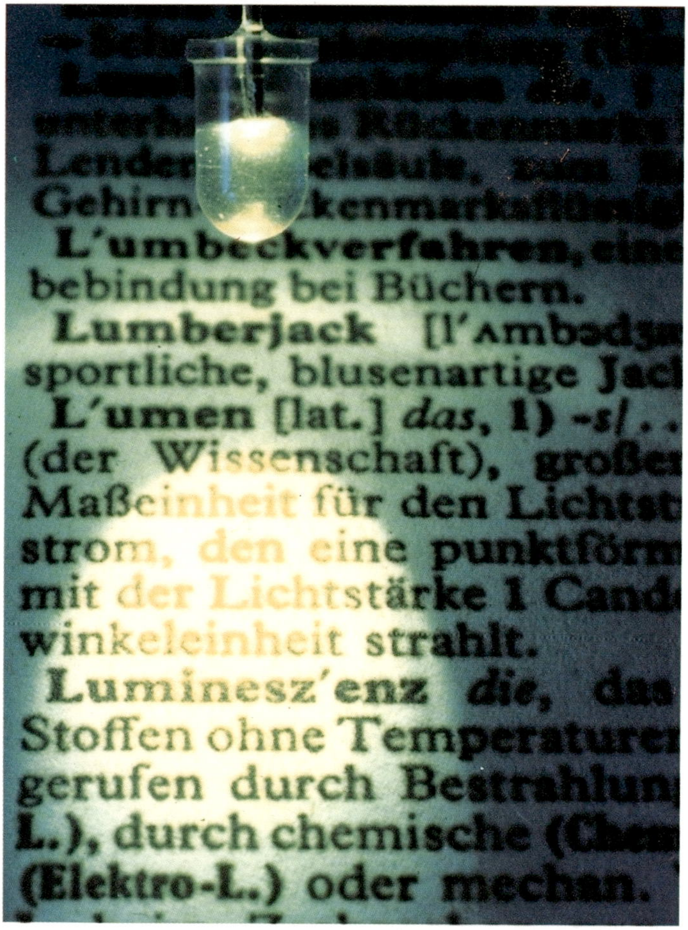

nutzt werden sie zur Leuchtanzeige. Mit den drei Farben Blau, Rot, Grün könnte man prinzipiell auch ein Fernsehbild aufbauen. Dazu müssen diese Körner mikroskopisch klein nebeneinander aufgebracht und entsprechend angesteuert werden. Der Vorteil: Ein großer, flacher Bildschirm; der Nachteil: Bei der Herstellung der vielen Halbleiterpunkte gibt es zu viele Fehlerquellen, zu viele Ausfälle, so daß ein solcher Fernsehschirm sehr teuer ist. Allein schon bei einer Million Bildpunkten würden bei einem unrealistisch niedrigen Preis für ein LED-Korn von einem Pfennig die Materialkosten bei 10 000 DM liegen. Außerdem gibt es Schwierigkeiten, das blaue Licht zu erzeugen. Die Lichtintensität ist gegenüber Rot und Grün mehr als zehnmal geringer, die angelegte Spannung muß zudem höher sein – also Schwierigkeiten bei der elektrischen Verschaltung. Außerdem sind die blauen LEDs teurer, und die Herstellung im großen Maßstab ist noch nicht ohne Probleme möglich. Darüber hinaus entwickelt eine solche Menge von LEDs, auf kleinsten Raum zusammengepackt, eine hohe Abwärme, trotz der eleganten Art, Licht zu erzeugen. Angewendet werden die leuchtenden Körner in Instrumentenanzeigen, z. B. im Auto oder Flugzeug.

29

Hüpfende Bohnen

Das Kunststück:

Eine spezielle Art von Bohnen gibt es in Mexiko. Sie bewegen sich und hüpfen sogar. Besonders gut geht das im Sonnenlicht oder in der Wärme. Ein Zaubertrick?

Das knoff-hoff:

Bohrt man eine solche Bohne auf, so kommt etwas Erstaunliches zum Vorschein: eine Larve. In der Bohne hat sie sich einen Hohlraum gefressen und bewegt sich dort hin und her. Die Wärme macht die Larve aktiver. Durch die Bewegung im Inneren hüpfen die Bohnen. Vor allen Dingen die Samen von Wolfsmilchgewächsen in Mexiko sind die Wirte für die Larve. Sie überwintert in den mexikanischen Bohnen, verpuppt sich und schlüpft als kleiner, grauer Schmetterling aus. Danach beginnt alles mit einer neuen Generation von vorne.

Tricks und Tips:

Auch nach Deutschland werden diese Bohnen importiert. In Kalifornien gehören sie zum Touristensouvenir. Die Bohnen hüpfen nur wenige Wochen.

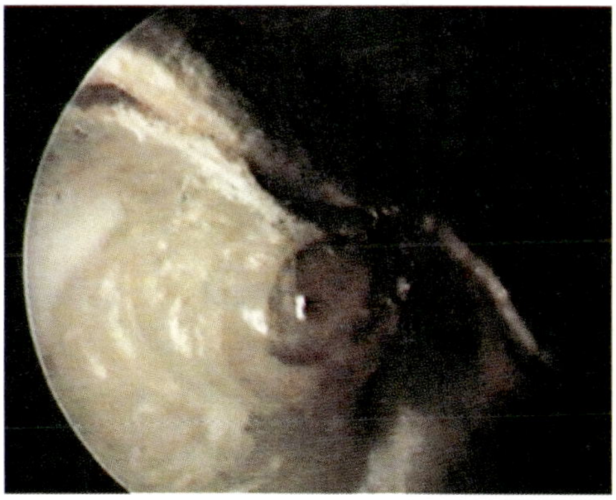

Großaufnahme der Larve

Nach dem Verpuppen kommen die Larven zur Ruhe. Mehrere Bohnen in einer Schüssel zeigen einen besonders eindrucksvollen Zaubereffekt. Beim Hüpfen schlagen sie aneinander und erzeugen ein klickendes Geräusch.

30

Warum mancher Fisch rot ist

Das Kunststück:

Wenn Sie den roten Riff-Fisch durch eine blaue Folie betrachten, so sieht er dunkel aus – er ist vom Hintergrund kaum zu unterscheiden. Ist der Fisch deshalb rot? Wir haben ihn einmal mit Unterwasserlampen fotografiert und zum anderen im natürlichen Licht des Ozeans.

Das knoff-hoff:

Das nebenstehende untere Foto wurde mit einer blauen Folie projiziert. Diese Lichtverhältnisse sind in der Natur wirklich vorhanden. Taucher wissen, daß nach drei bis vier Metern Tauchtiefe auch das klarste Wasser blau aussieht. Das liegt daran, daß die roten Anteile des weißen Sonnenlichtes vom Wasser eher verschluckt werden als die blauen. Erst mit Lampen unter Wasser erscheint die Tierwelt so farbig und knallig bunt, wie wir es von Unterwasserfilmen gewohnt sind. Ein roter Fisch ist also im tiefen Wasser bestens getarnt, denn rot ist er deshalb, weil er alle anderen Farbanteile des weißen Lichts (s. K. 1) – Grün und Blau – mit seinen Pigmenten verschluckt und nur den roten Anteil reflektiert. Ist aber kein roter Lichtanteil mehr in drei bis fünf Metern Tiefe im Wasser vorhanden, erscheint er grau oder schwarz wie die Nacht und ist von den grauen Felsen im Riff kaum zu unterscheiden.

Aber es gibt auch blaue Fische unter Wasser. Wie sie wirken, kann man auch in dem blau gehaltenen Foto sehen. Ein blauer Fisch hebt sich hier besonders gut ab. Der Fisch ist ja deshalb blau, weil er grüne und rote Farbanteile verschluckt, die blauen aber reflektiert. Wie immer in der Natur ist das Verstecken nicht die einzige Schutzmöglichkeit – einige Fische wollen sogar auffallen, um auf ihre Abwehrfähigkeit hinzuweisen. Und diese Fische müssen im tiefen Wasser deshalb blau sein.

Tricks und Tips:

Auffallen will auch ein Metzger mit seiner Ware. In den Köpfen der Konsumenten hat sich nun einmal festgesetzt, daß rotes Fleisch besonders frisch und appetitlich ist. Normalerweise ist Fleisch ja rot. Das liegt an dem Muskelfarbstoff Myoglobin, der den roten Anteil des weißen Lichts reflektiert – die anderen Farben (Grün und Blau) verschluckt. Um nun den Eindruck des roten Fleisches zu verstärken, benutzen einige Metzger in ihrer Ladentheke Leuchtstoffröhren, die besonders viel Rot abstrahlen – obwohl der Gesamteindruck für unser Auge noch fast weiß ist. Der Effekt: Unter der Ladentheke sieht das Fleisch appetitlich rot aus, darüber – im normalen Licht – nicht mehr. Deshalb wird es auch schnell eingepackt. Auf dem Foto ist derselbe Wurstteller auf der einen Seite mit normalem weißen Licht aufgenommen, die andere Seite wurde mit rotem Licht bestrahlt.

Bis zu einer bestimmten Grenze ist diese Verschönerung mit dem roten Licht erlaubt, aber es gibt auch hier Hersteller, die zuviel Rot in das weiße Licht ihrer Leuchtstoffröhren packen. Ein guter Tip ist es, die Hände des Verkäufers unter der Ladentheke zu beobachten. Erscheinen sie zu rot und darüber blaß, dann ist der Trick schnell durchschaut. Übrigens, auch Spiegelbeleuchtungen können einen höheren Rotanteil haben damit die Damen besser aussehen.

Die verschiedenen Farben – die Wellenlängen des Lichtes – werden vom Wasser unterschiedlich stark absorbiert.

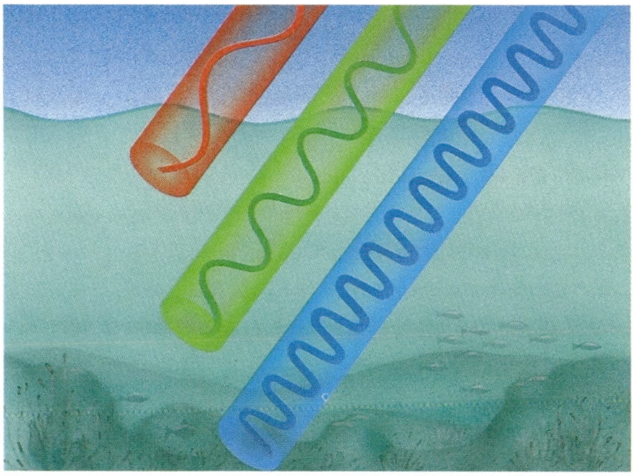

31

Gläser zersingen – aber wie?

Das Kunststück:

Die Geschichte vom (von der) Opernsänger(in), der (die) durch seine (ihre) Stimme ein Sektglas zum Zerplatzen bringen kann, hat schon jeder irgendwo gehört. Einige haben es sogar schon im Film gesehen. Aber im Film gelten andere Maßstäbe – dort wird getrickst. Auch zerpfeifen soll man Gläser angeblich können. Aber immer, wenn man nachhakt, war alles ganz anders. Wir haben in der knoff-hoff-Show die Zuschauer gefragt, ob sie so etwas können oder jemanden mit dieser Fähigkeit kennen, aber keiner hat sich gemeldet – bei immerhin etwa 20 Millionen Zuschauern im In- und Ausland. Verführerisch ist die Idee schon, durch die Schallwellen das Glas zum Zerplatzen zu bringen. Wir haben es sehr lange mit einer Dame vom Fach und langanhaltender Stimme probiert – aber zu mehr, als das Glas zum Zittern zu bringen, hat es nicht gereicht. Offensichtlich fehlt beim Zersingen oder Zerpfeifen eines Glases einfach die Puste. Endlich, als ein Lautsprecher die Funktion der menschlichen Stimme übernommen hatte, klappte es – wie auf der Momentaufnahme zu sehen ist.

Das knoff-hoff:

Wichtig ist der Lautsprecher. Er muß eine hohe Ausgangsleistung abstrahlen. Wir haben einen Druckkammerlautsprecher benutzt. Ein Trichter bündelt die Schallwellen. Der Trick ist, daß man die Eigenfrequenz (Resonanz) des Glases findet, d. h. bei welcher Frequenz das Glas in Schwingungen gerät, die dann leicht aufzuschaukeln sind. Diese Frequenz hängt vom Volumen, der Dicke der Glaswand und anderen Gegebenheiten ab. Stellt man einen Bleistift in das Glas und fährt mit einem Frequenzgenerator die verschiedenen Frequenzen ab, so beginnt der Bleistift bei der richtigen Frequenz – der Eigenfrequenz – zu vibrieren und dreht sich sogar im Kreis – ein Zeichen dafür, daß das Glas jetzt richtig „durchgeknetet" wird. Bei dieser Frequenz ist es nur noch ein Frage der Zeit, wann das Glas diese Belastung durch die Schallwellen nicht mehr aushält und zerspringt. Klar wird aus diesen Experimenten, daß der menschliche Atem einfach nicht ausreicht, um die richtige Frequenz so lange zu halten. Deshalb kann man

den Geschichten über das „Zersingen" oder „Zerpfeifen" von Gläsern nicht glauben.

Tricks und Tips:

Um ein Gefühl für die Eigenfrequenz zu bekommen, ist das folgende Kunststück ganz nützlich. Ein Lautsprecher strahlt Schallwellen ab. Aber obwohl Schallwellen ja Druckschwankungen in der Luft sind, reagiert die Kerzenflamme kaum darauf. Wunder wirkt jedoch eine hohle Glaskugel, die auf der einen Seite eine größere Öffnung besitzt und auf der entgegengesetzten einen spitz zulaufenden Auslaß hat. Stellt man diese Glaskugel zwischen Lautsprecher und Kerzenflamme und verändert mit einem Generator die Frequenz, so beginnt bei einer bestimmten Frequenz die Kerzenflamme zu flackern. Die Schallwellen werden in dem Hohlraum der Glaskugel offensichtlich verstärkt. Der dabei austretende Luftstrom reicht aus, um die Flamme auszulöschen. Wie groß diese Resonanz- oder Eigenfrequenz ist, hängt weitgehend von der geometrischen Dimension, d. h. von der Form der Glaskugel, ab. Eine kleinere Glas-

kugel zeigt bei einer anderen Frequenz diese Resonanz. Bei der Resonanzfrequenz werden die ankommenden Schallwellen in der Glaskugel reflektiert und verstärken sich dadurch. Ein Effekt, der vergleichbar mit dem Singen im Badezimmer ist. Bei der richtigen Frequenz und bei der richtigen Stimmlage scheint der ganze Raum zu vibrieren.

32

Wie Metall schwingt

Das Kunststück:

Mit einem Geigenbogen kann man nicht nur eine Geigensaite zum Schwingen bringen, sondern auch eine Metallplatte. Dazu wird sie in der Mitte durchbohrt und mit einem Stab befestigt. Die Metallplatte wird dann mit einem Geigenbogen zum Klingen gebracht. Auf die Platte gestreuter Sand macht die Schwingungen sichtbar. Der Sand sammelt sich an bestimmten Stellen. Je nach der Beschaffenheit der Metallplatte und dem Festhaltepunkt entstehen auf der Metallplatte sehr interessante Figuren.

Das knoff-hoff:

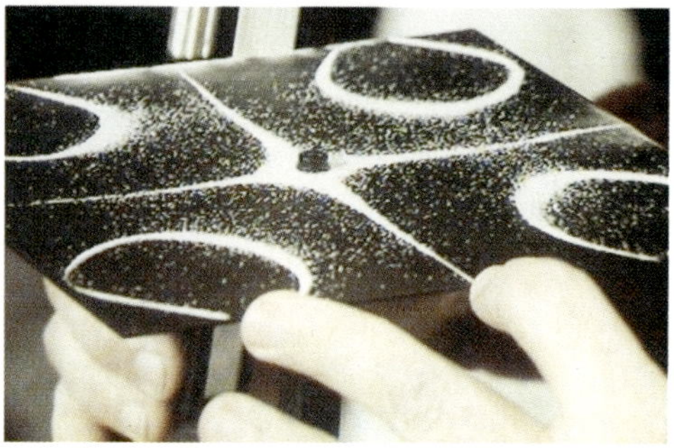

Der Geigenbogen reibt an der Metallplatte und bringt sie zum Schwingen. Die Schwingungen sind auch hörbar, denn die Luft wird durch die Metallplatte in Bewegung gesetzt – sie quietscht. Diese Schwingungen auf der Metallplatte sind sehr regelmäßig. An bestimmten Stellen wechselt die Metallfläche ständig zwischen sogenannten Schwingungsbergen und Schwingungsbäuchen. An anderen Stellen – den Knotenlinien – bleibt die Fläche in Ruhe. Hier sammeln sich die Sandkörner, die von den bewegten Metallbezirken herunterrutschen. Deshalb sind die sehr symmetrischen Figuren, die Sandlinien, so deutlich zu sehen. Je nach der geometrischen Form und je nach Material, aus dem die Platte gemacht ist, entstehen ganz bestimmte Schwingungen – die Resonanzschwingungen der Platte. Diese

Eigenschwingungen der Platte können durch Berührung beeinflußt werden. So ergibt sich beim Festhalten mit dem Daumen an einer Ecke der Platte eine andere Figur als beim Festhalten in der Mitte.

Tricks und Tips:

Jedes schwingfähige Material zeigt diese Klangfiguren – auch Glasscheiben.

Der Geigenbogen sollte gut mit Kolophonium bestrichen werden, damit die Metallplatte richtig in Schwingung gerät. Eigentlich ist es egal, wie die Schwingungen erzeugt werden. Man kann das auch durch Singen tun, wie dieser Schweizer Spezialist es mit seinem Tonoskop – so nennt er das – erfolgreich kann. Durch die Schallwellen, die er mit seinen Stimmbändern erzeugt, gerät die Luft in dem Hohlraum unter der Membran aus Gummi in Schwingung. Wiederum bestimmt die Form des Hohlraums – des Resonanzraums –, welche Schwingungen dominieren und wie die Sandfigur aussieht. Schallwellen erzeugt auch ein Lautsprecher. Spannt man über diesen Lautsprecher eine Seifenhaut, so gerät auch diese in Schwingungen. Die Dicke der Seifenhaut verändert sich dabei, je nach der Stärke der Ausbeulung. Diese Änderung der Schichtdicke ist wiederum durch verschiedene Farben, die sich an den unterschiedlich dünnen Schichten der Seifenhaut bilden, zu sehen.

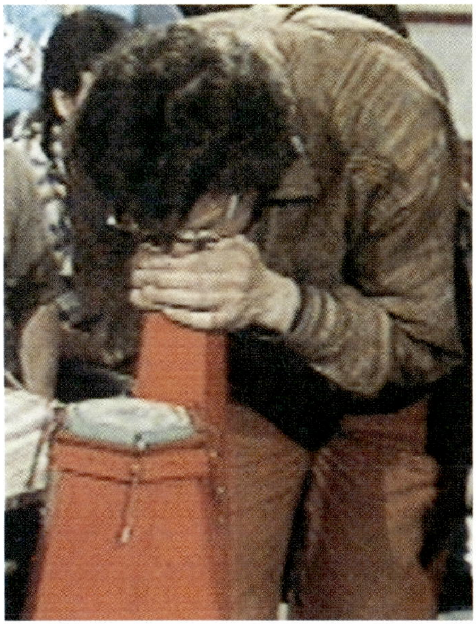

Auch eine Seifenblase kann man zum Schwingen bringen. Über einen sogenannten Schwinger wird eine Seifenblase aufgeblasen. Bewegt sich der Schwinger hin und her, so reagiert die Seifenblase auf diese Bewegungen. Es sind erstaunliche Ausbuchtungen zu sehen, die von der jeweiligen Frequenz des Schwingers abhängen. Es kann manchmal sogar soweit kommen, daß sich neue Seifenblasen ablösen.

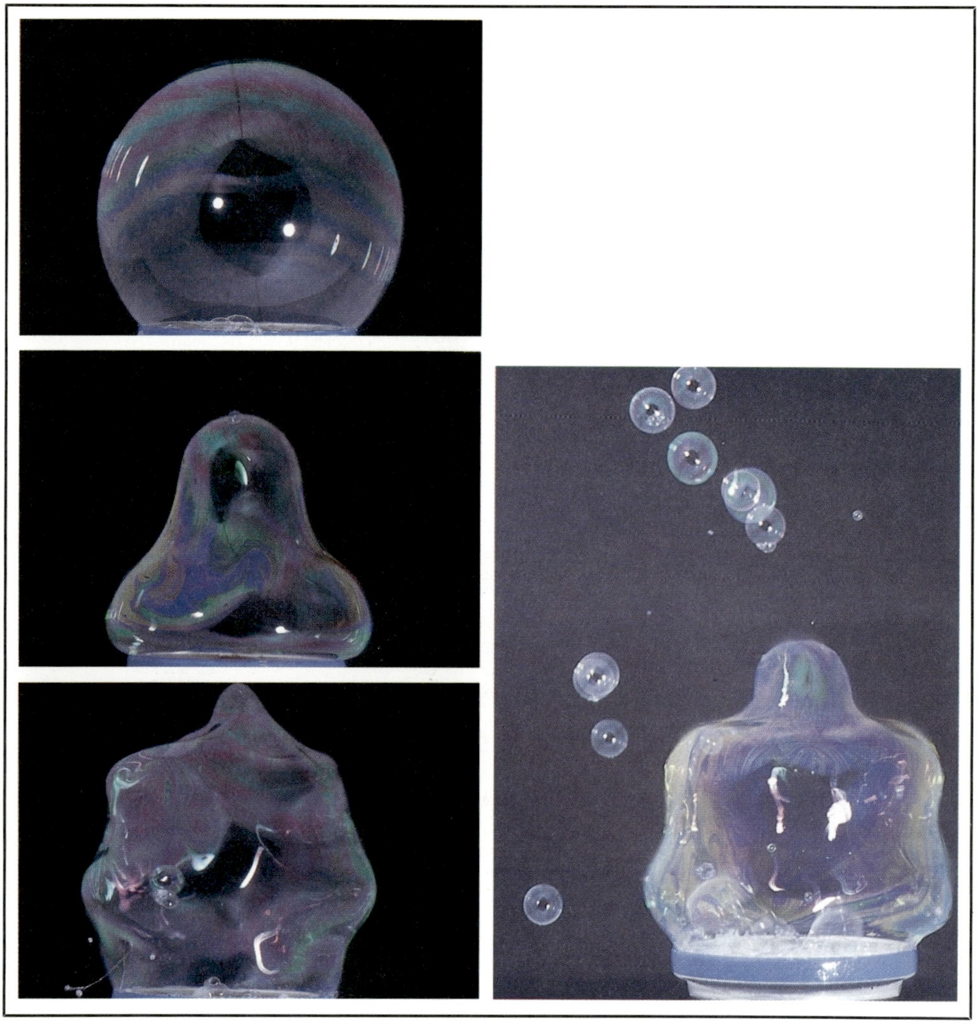

33

Warum das Auto klappert

Das Kunststück:

Auf einer Platte werden Metallstreifen verschiedener Länge senkrecht befestigt. An einem Elektromotor befindet sich eine Unwuchtscheibe, so daß bei der Drehung die ganze Platte in Schwingung gerät. Die Beobachtung ist, daß je nach Drehzahl des Motors entweder der eine oder der andere Metallstreifen in Bewegung gerät, während die übrigen in Ruhe bleiben.

Das knoff-hoff:

Die Resonanz- oder sogenannte Eigenschwingung hängt vom Material und von der geometrischen Abmessung des Metallstreifens ab. Bei einer bestimmten Schwingungsfrequenz der Bodenplatte beginnt z. B. der längste Metallstreifen zu schwingen. Er nimmt die Energie der sich bewegenden Bodenplatte auf. Bei einer höheren Frequenz wiederum ist der lange Metallstreifen zu träge, um anzukoppeln. Jetzt nimmt der kürzere Metallstreifen die Energie auf und gerät in Bewegung, während die anderen in Ruhe bleiben.

Autofahrer wissen ein Lied über die Eigenschwingungen ihres Autos zu singen. Nicht immer ist das Ergebnis so extrem wie in unserem nicht ernst gemeinten Versuch. Jedoch hat jeder von uns schon beobachtet, daß bei einer bestimmten Geschwindigkeit

plötzlich ein Geräusch zu hören ist, bei einer anderen Geschwindigkeit hört diese Schwingung auf, und eine andere beginnt. Auch hier spielen Eigenschwingungen eine Rolle. Für das eine Metallstück ist gerade diese Frequenz ideal, um in Schwingung zu kommen, für ein anderes ist es eine höhere oder tiefere Schwingung. Das liegt an den geometrischen Abmessungen und Materialeigenschaften. Die Behebung dieses Mangels kann Techniker zur Verzweiflung treiben. Unser Modellauto zeigt im Versuch, daß bei verschiedener Drehzahl des Motors, der bewußt mit einer Unwuchtscheibe ausgerüstet wurde, verschiedene Teile in Schwingungen geraten. Erst der vordere Kotflügel, dann, bei einer anderen Drehzahl, der hintere.
Der TÜV benutzt übrigens solche Schwinger auf seinem Prüfstand, um an einem Auto das Schwingverhalten bestimmter Teile zu überprüfen.

Tricks und Tips:

Wenn die Erde bebt, geraten auch die Gebäude ins Schwingen – Hochhäuser sind besonders gefährdet. Wie bei dem Kunststück mit den Metallstreifen nehmen auch die Hochhäuser die Energie der schwingenden Erde auf. Zwei Möglichkeiten realisieren die Techniker, um die Gebäude von der schwingenden Erdkruste zu entkoppeln. Einmal bauen sie zwischen die Stockwerke eine Art Gelenk ein, so daß die ankommende Energie durch das jetzt elastische Gebäude aufgenommen werden kann, ohne Schaden anzurichten. Bei der anderen Lösung bauen sie die Hochhäuser in ein Sandbett, so daß die Koppelung mit der

Erdkruste nicht sehr gut ist und die Schwingungsenergie wortwörtlich im Sande verläuft.
Beim Auto gibt es Schwingungen, die nicht nur zeitweise auftreten, z. B. an

den Reifen oder am Motorblock. Diese Schwingungen sind relativ gleichmäßig und sind Ursache für den Lärm, mit dem Autofahren verbunden ist. Denn ein schwingendes Teil koppelt ja mit der Luft, bringt sie in Bewegung – Schallwellen entstehen. Techniker versuchen, diese Lärmquellen einzuschränken. Sie benutzen Laserstrahlen, um überhaupt erst einmal die Ursachen ausfindig zu machen. Dabei wird eine Aufnahme von dem ruhenden Objekt – z. B. einem Reifen – in Laserlicht gemacht. Dieses Bild wird mit dem bewegten Reifen, der auf dem Prüfstand schwingt und mit Laserlicht beleuchtet wird, überlagert. Durch die Abweichungen der beiden Laserbilder entstehen Interferenzlinien. Das Laserlicht wird durch die Ausbuchtungen des schwingenden Reifens so reflektiert, daß es sich z. B. mit Laserwellen der ersten Aufnahme an bestimmten Stellen auslöscht. Das

passiert dann, wenn sich ein Wellenberg mit einem Wellental überlagert.

Auslöschung bedeutet: Dieser Bereich ist schwarz. Interferenzlinien zeigen so, wo die feinen Schwingungen, die es bei der Lärmbildung in sich haben, am fahrenden Auto zu finden sind. Mit dieser Methode können auch die Schwingungen einer Geige sichtbar gemacht werden.

34

Die Batterie im Mund

Das Kunststück:

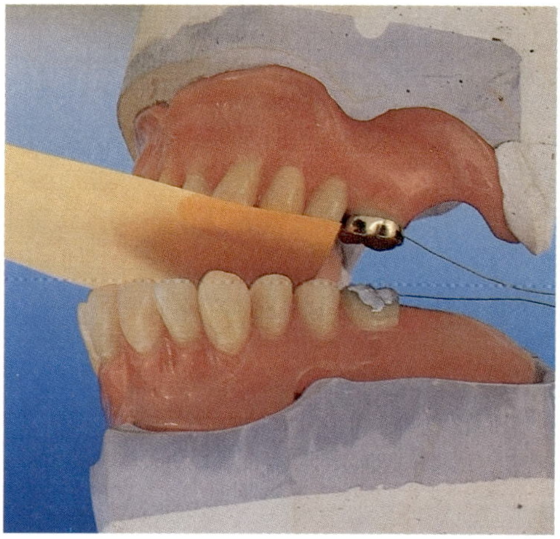

Wenn Sie eine Goldfüllung und eine Amalgamfüllung in Ihrem Mund haben, so gehen Sie zu einem schlechten Zahnarzt. Aber Sie haben den Vorteil, mit diesem Kunstfehler elektrischen Strom erzeugen zu können. Haben Sie einen besser ausgebildeten Zahnarzt, so können Sie das Kunststück leicht auch anders nachmachen. Zwei verschiedene Metalle, z. B. Kupfer und Zink, werden mit Drähten versehen. Löschpapier, mit Essigsäure getränkt, wird zwischen die Metalle gepreßt. Mit einem Meßgerät ist leicht zu sehen, daß ein elektrischer Strom fließt. Diesen Strom können Sie z. B. benutzen, um über eine Elektronik einen Roboter zu steuern. Der elektrische Strom ist jedoch zu schwach, um einen Elektromotor direkt anzutreiben.

Das knoff-hoff:

Werden zwei verschiedene Metalle zusammengebracht, so geben sie Elektronen ab. Essigsäure (oder der Mundspeichel) enthält selbst elektrische Ladungsträger, so daß bei der Berührung der beiden Metalle Elektronen fließen können. Das geschieht immer von dem sogenannten „unedlen" Metall zum „edleren". Wie groß die elektrischen Spannungen sind, die sich zwischen den Metallen aufbauen, hat man gegenüber einer Wasserstoffelektrode gemessen, die den Bezugspunkt bildet. Zwischen Gold und Quecksilber ergibt sich eine elektrische Spannung von etwa 0,5 Volt, zwischen Zink und Kupfer beträgt diese Spannung schon etwas über 1 Volt.

Die Metalle kann man nach den Meßergebnissen mit der Wasserstoffelektrode in eine Spannungsreihe einordnen. Dabei werden die Metalle vom Gold ab in folgender Reihe unedler: Quecksilber, Silber, Kupfer, Zinn, Eisen, Zink, Aluminium. Die Elektronen fließen also vom Zink zum Kupfer oder vom Amalgam (einer Quecksilberlegierung) zum Gold. Damit verbunden ist ein Materialtransport. Das Queck-

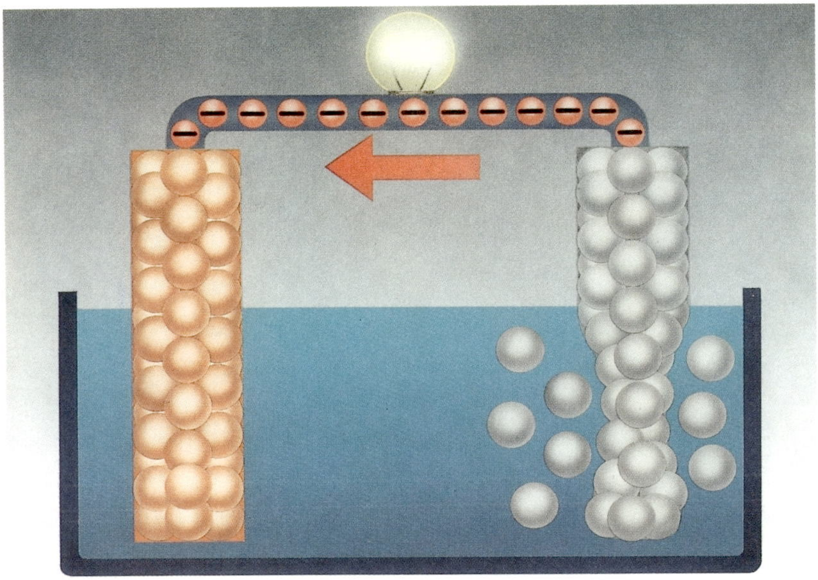

Mit Zink und Kupfer in einer Säure kann elektrischer Strom erzeugt werden. Das unedle Zink geht dabei in Lösung – die Elektronen fließen über den Kontaktdraht zum Kupfer.

silber, das durch diesen Prozeß im Mund frei wird, ist gesundheitsschädlich. Diesen Batterieeffekt haben Sie sicher auch schon gespürt, wenn Sie beim Schokoladeessen zufällig ein Stückchen Aluminiumpapier in den Mund bekommen haben. Der elektrische Strom, der dann fließt, reizt unangenehm den Zahnnerv.

Wieso kann eigentlich in ein und demselben Metall – in der Aluminiumfolie – ein Strom fließen? Ein Metall ist beim genaueren Hinschauen recht unterschiedlich aufgebaut. Es gibt im gleichen Metall lokal unterschiedliche Zusammensetzungen. Ursache dafür sind Verunreinigungen, Oxidationsstellen, Unterschiede in der Mikrostruktur usw. Damit bilden sich auch örtlich konzentriert „edle" und „unedle" Bezirke aus. Mit Hilfe des Mundspeichels kann so ein Strom zwischen diesen „Lokalelementen" fließen.

Tricks und Tips:

Die Lokalelemente erklären auch, warum z. B. ein Metall unter Salzeinwirkung so rasend schnell zerstört wird. Zwischen den mikroskopisch feinen Unterschieden im Metall fließt ein Strom. Die im Wasser gelösten Salzteilchen, die selbst elektrisch geladen sind, unterstützen den Stromfluß. Dabei gehen die „unedlen" Bereiche in Lösung – das Metall zersetzt sich. Das Leid eines jeden Autofahrers, wenn er nach der intensiven Salzstreuung im Winter sein Auto betrachtet. Bekannt ist der Trick, mit Kupfer- und Zinkplättchen und einer Zitrone eine Batterie zu bauen. Das funktioniert auch über den Elektronenaustausch zwischen edlem (Kupfer) und unedlem (Zink) Metall. Heute kann man „Kartoffeluhren" kaufen, die eine Flüssig kristallanzeige besitzen. Diese Anzeige hat den Vorteil, sehr wenig Strom

zu verbrauchen, so daß der durch den Elektronenfluß zwischen den Zink- und Kupferelektroden entstehende elektrische Strom ausreicht, die Uhr in Gang zu setzen. Übrigens, wenn Sie eine Zinkdachrinne mit Kupferstiften vernieten, so ist das auch eine Batterie – das Zink zersetzt sich dabei. Der Vorgang funktioniert deshalb so gut, weil im Regenwasser ja auch elektrisch geladene Teilchen – Ionen der Kohlensäure z. B. – vorhanden sind.

Heute ist dieser Effekt stärker als je zuvor, wenn man an den Säureregen denkt, der durch im Regenwasser gelöste Schadstoffe ja oft der Batteriesäure gleichkommt. Warum sich keine großen Löcher entwickeln, liegt daran, daß sich das Kupfer schnell mit einer Schicht des transportierten Materials überzieht und der Vorgang deshalb gestoppt wird. Weitaus größer kann der Schaden sein, wenn Ihr Dachdecker aus Unkenntnis z. B. die Schornsteinumkleidung aus Kupfer macht, die Dachrinnen aber aus Zink. Bei den Säuregraden unseres Regens müssen Sie nach zwei Jahren die Dachrinne austauschen. Mikroskopisch kleine Kupferteile gelangen mit dem Regen in die Dachrinne, und die wird durch diese Lokalelemente zerfressen.

Dachrinne mit Kupfer genietet

35

Tips für Indianer

Das Kunststück:

Feuermachen mit Hilfe der Reibungswärme ist ein uralter Trick, aber ein mühsamer. Doch die sehr isoliert wohnenden Yanomamö-Indianer im Orinoco-Gebiet machen heute manchmal noch so ihr Feuer, obwohl auch in den abgelegenen Siedlungen schon die Streichhölzer ihren Einzug gehalten haben. Unser Tip für die Vereinfachung des Feuerreibens sieht so aus: In die Vertiefung eines Holzbrettes werden etwas Kaliumpermanganat ($KMnO_4$) und Zucker geschüttet. Schon nach wenigen Drehungen mit dem Holzstab entsteht sehr schnell und leicht eine beachtliche Flamme. Das wäre die Erfindung für die Urmenschen gewesen.

Das knoff-hoff:

Durch den Druck und die Drehung des Holzstabes entsteht Wärme. Das $KMnO_4$ ist ein Sauerstofflieferant – das zeigen schon die vier Sauerstoffatome in seiner chemischen Formel. Der Zucker enthält Kohlenstoffatome, die sich schon bei relativ niedrigen Temperaturen gerne mit Sauerstoff verbinden. Dabei wird Wärme frei – der Zucker verbrennt zu Kohlendioxid und Wasser. In allen explosiven oder leicht entzündlichen Gemischen ist ein solcher Sauerstofflieferant wie z. B. $KMnO_4$ enthalten. So steht beim Ablauf der Verbrennung weitaus mehr Sauerstoff zur Verfügung, als die Umgebungsluft liefern kann.

Tricks und Tips:

$KMnO_4$ gibt es in jeder Drogerie. In einer Abwandlung dieses Kunststückes können zu Kaliumpermanganat einige Tropfen Glyzerin gegeben werden. Die Verbrennung startet dann nach ca. 5 Sekunden – ohne den Druck durch den Holzstab. Glyzerin besteht ja auch aus vielen Kohlenstoffatomen. Es übernimmt die Funktion des Zuckers und oxidiert mit dem Sauerstoff des $KMnO_4$ unter Wärmeabgabe. Vorsicht mit diesen Kunststücken! Benutzen Sie nur sehr kleine Mengen!

36

Das Herz aus Quecksilber

Das Kunststück:

In ein leicht nach oben gebogenes Glas wird Quecksilber gefüllt. Darüber geben Sie etwas verdünnte Schwefelsäure. Legen Sie dann einen Eisennagel an den äußeren Rand, so daß seine Spitze das Quecksilber gerade berührt. Das Quecksilber beginnt plötzlich zu zucken und schwingt hin und her. Manchmal sieht die Schwingungsfigur wie ein Herz aus.

Das knoff-hoff:

Eisen ist unedler als Quecksilber (s. K. 34). Deshalb fließen in diesem Kunststück Elektronen vom Eisen zum Quecksilber. Diese elektrische Ladung verändert die Oberflächenspannung des Quecksilbers – es zieht sich zusammen und verliert dabei den Kontakt mit der Eisennadelspitze. Der Elektronenfluß ist unterbrochen. Die Elektronen auf dem Quecksilber jedoch fließen in die Schwefelsäure ab, dadurch verändert sich die Oberflächenspannung. Das Quecksilber verliert die Krümmung, es kommt in Kontakt mit dem Eisennagel, und der Vorgang wiederholt sich. Schwingungen werden sichtbar – das ist das Geheimnis des Quecksilberherzens.

Die Elektronen wandern von Eisen auf das Quecksilber.

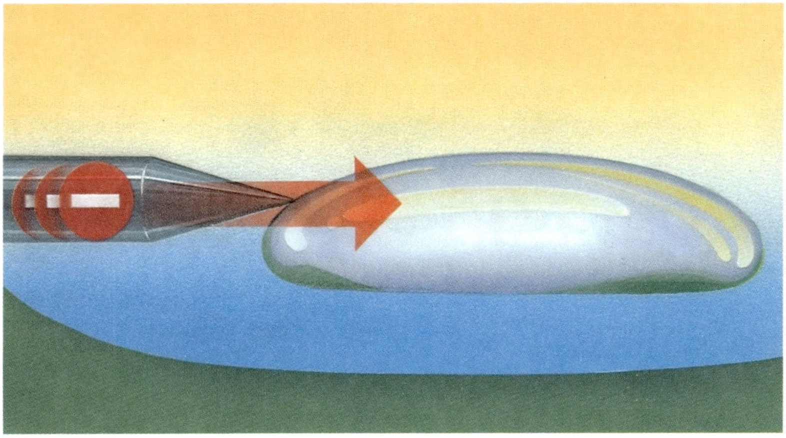

Die elektrische Ladung verändert die Oberflächenspannung.

Nach dem Abfließen der Ladungen „entspannt" sich der Tropfen.

Tricks und Tips:

Der Versuch klappt besser, wenn Sie in der Schwefelsäure etwas Kaliumpermanganat ($KMnO_4$) lösen. Die Sauerstoffatome helfen, die Elektronen schneller abzuführen. Äußerste Vorsicht beim Umgang mit Quecksilber. Schon die kleinste verschüttete Menge kann auf lange Zeit einen ganzen Raum vergiften!

37

Mit Wärme sehen . . .

Das Kunststück:

Die drei Luftballons sind schön bunt, aber undurchsichtig. Mit einer Spezialkamera verliert sich zwar die Farbe, aber man kann plötzlich durch die Luftballons sehen. Zauberei?

Das knoff-hoff:

Das Foto aus dem normalen Fotoapparat zeigt, was unser Auge sieht: einen bestimmten Ausschnitt aus dem Wellenbereich, den die Sonne abstrahlt. Dieser sichtbare Bereich ist relativ klein im elektromagnetischen Gesamtspektrum. Rot, Grün, Blau und Zwischenfarben sind über unser Auge mit dem Gehirn zu registrieren. Daneben existieren aber auch noch andere elektromagnetische Wellen, wie z. B. Ultraviolettstrahlen. Für unser Kunststück wichtig sind Infrarotstrahlen, die Wärmestrahlen. Unser Auge kann mit diesen Wellen nichts anfangen. Unsere Haut kann höchstens die Wärme spüren. Mit Hilfe der Technik ist es aber möglich, auch diese Wellen sichtbar zu machen. Das ist ganz sinnvoll, denn auch die Wärmestrahlen zeigen eine Abbildung unserer Umgebung. Diese Information kann hilfreich sein, besonders nachts, wenn diese Strahlen – von den verschieden warmen Gegenständen abgegeben – ein Bild der für unser Auge finsteren Nacht liefern. Denn ein Mensch z. B. mit seinen 37 °C Körpertemperatur ist mit Infrarotsensoren vor einem kühlen Hintergrund leicht zu lokalisieren.

Das Foto mit den Fabrikschornsteinen zeigt im sichtbaren Bereich kaum Details. Erst im Wärmebild sieht man, welche Schornsteine heiße Abgase in die Nacht hineinpusten. Das Hilfsgerät für unser Auge, die Infrarotkamera, besteht aus Halbleiterkristallen, die

Elektromagnetische Wellen sind uns unter verschiedenen Namen vertraut. Das Spektrum reicht von der Gammastrahlung aus Atomkernen über Röntgen- und Ultraviolettstrahlen bis zu den Radiowellen. Der für unser Auge sichtbare Bereich nimmt nur einen kleinen Teil des Gesamtspektrums ein. Rechts davon schließt sich die Infrarotstrahlung an. Die Wellenlänge ist in Zehnerpotenzen und Metern angegeben.

die ankommenden Wärmestrahlen aufnehmen und dafür Elektronen freisetzen. Diese Elektronen können nun beschleunigt, d. h. verstärkt werden. Sie treffen dann auf eine Schicht, die beim Aufprall von Elektronen für uns sichtbares Licht abstrahlt – und schon ist das Wundergerät fertig. Wichtig dabei ist, daß der Bildinhalt bei dieser Umwandlung von Wärmestrahlen zu Elektronen und zu sichtbarem Licht erhalten bleibt. Die Luftballons in unserem Kunststück lassen die Wärmestrahlung der Personen durch, des-

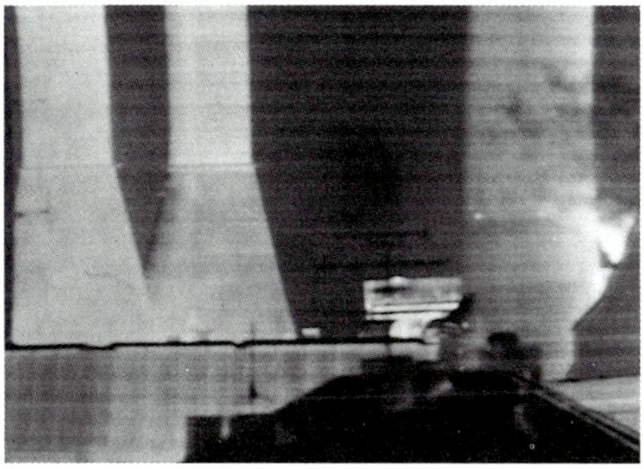

Die von einem warmen Körper abgestrahlten Infrarotwellen setzen in einem Halbleiter Elektronen frei. Die Elektronen werden beschleunigt und treffen auf ein Material, das dieses „Elektronenbild" in für uns sichtbares Licht umwandelt.

halb sind sie, mit Infrarotkamera betrachtet, durchsichtig. Das für uns sichtbare Licht jedoch lassen die Luftballons nicht passieren.

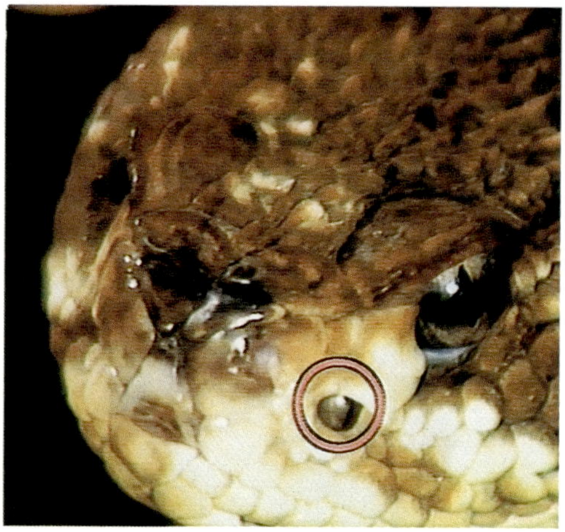

Tricks und Tips:

Es ist von der Natur schlau eingerichtet, daß wir mit unserem Auge keine Wärmestrahlen registrieren können. Wir besitzen ja selbst eine Körpertemperatur von 37 °C und geben Wärmestrahlen ab. Unsere Augen müßten ja ständig in der Umgebung der von uns abgestrahlten Wärmestrahlen arbeiten und könnten nur bei sehr extrem heißen Objekten Konturen erkennen. Feinere Strukturen würden im allgemeinen „Hintergrundrauschen" untergehen. Schlangen jedoch besitzen eine weitaus niedrigere Körpertemperatur. Bestimmte Schlangen besitzen in ihren Grubenöffnungen Sensoren, die auf Wärmestrahlen reagieren. Sie können so Beute in der Nacht aufspüren, denn eine Maus z. B. hebt sich im Wärmebild sehr gut von einem kühleren Hintergrund ab. Der Sensor besteht aus einem dünnen Häutchen, das eine kleine Luftkammer abschließt. Auf dem Häutchen sitzen Nervenenden. Treffen Wärmestrahlen auf diese Membran, so erwärmt sich die Luftkammer etwas – die Luft dehnt sich aus. Die damit verbundene Wölbung des Häutchens reizt die Nervenfasern, und die Schlange kann so warme Stellen in der Umgebung orten. Diese Sensoren in den beiden Gruben arbeiten wie zwei Wärmeaugen. Eine Grubenotter kann so einen Temperaturunterschied von 1/10 °C registrieren. Das ist nur möglich, weil die niedrige Körpertemperatur der Schlange das „Hintergrundrauschen" klein hält.

In der Technik steigert man die Empfindlichkeit der Infrarotkamera durch Kühlung der Halbleitersensoren.

Querschnitt des Bereichs der Luftkammer mit der Membran bei einer Schlange mit Grubenöffnungen

38

Weißes noch weißer machen ...

Das Kunststück:

Etwas Weißmacher, auf ein Stück Stoff aufgetragen, läßt dieses Kunststück möglich werden. Unter normalem Licht betrachtet, sieht man keine Veränderung des Stoffes. Beleuchtet man aber den Stoff mit einer UV-Lampe, so sind die Bereiche, auf die das Pulver aufgetragen wurde, leuchtend weiß zu sehen.

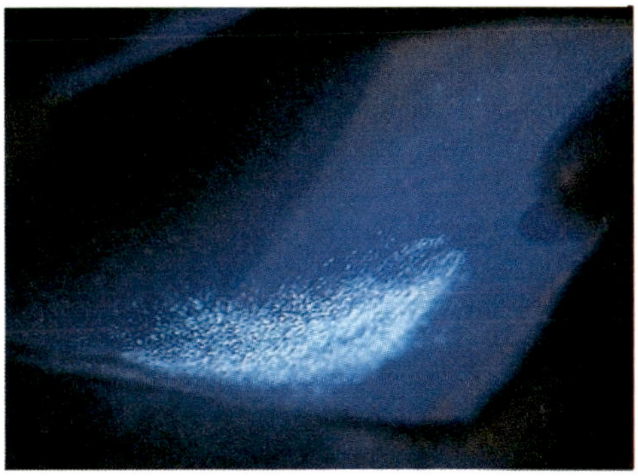

Das knoff-hoff:

Unser Auge kann ultraviolettes Licht nicht sehen (s. K. 37). Die Sonne strahlt jedoch diese Wellen neben dem für uns sichtbaren Licht ab. Das Weißmacherpulver wandelt das UV-Licht in sichtbares Licht um. Das energiereiche ultraviolette Licht hebt Elektronen auf energiereichere Umlaufbahnen um den Atomkern. Nach einiger Zeit fallen die Elektronen nicht auf die ursprünglichen Bahnen, sondern auf Zwischenbahnen zurück und strahlen die freiwerdende Energie dann als sichtbares Licht ab (s. K. 28). Die mit Weißmachern bestäubte Fläche erscheint uns dadurch heller. Waschmittelhersteller wollen ja immer weißer als die Konkurrenz sein – sie mischen unter ihre Waschmittel solche Weißmacherpulver. Im Sonnenlicht betrachtet, kommt also neben dem schon vorhandenen Anteil sichtbaren Lichts etwas weißes Licht hinzu. Das ist der ganze Trick, der mit Sauberkeit nur höchstens indirekt etwas zu tun hat. 1000 Tonnen dieser Weißmacher kommen allein von den Waschmitteln in der BRD jedes Jahr in die Umwelt. Diesen Trick nutzen auch UV-Signierkreiden aus. Mit ihnen kann man z. B. Wäschestücke

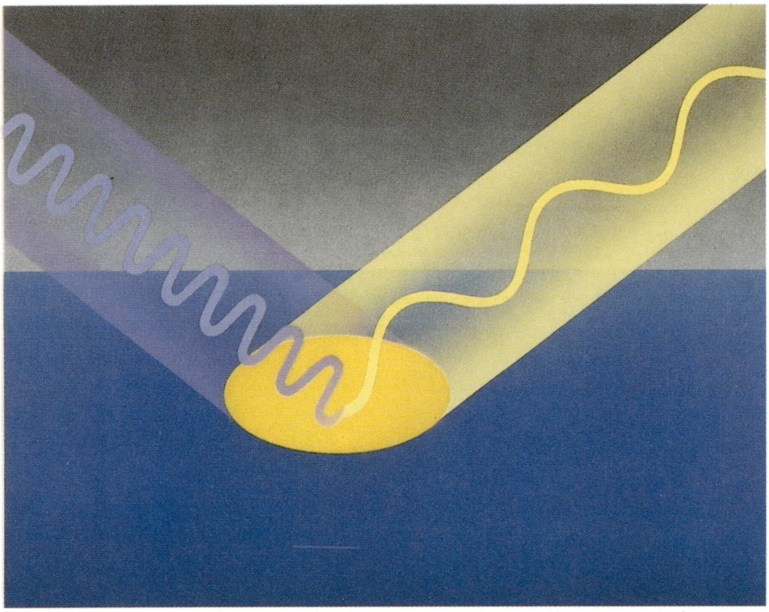

Das energiereiche – und damit kurzwellige – Ultraviolettlicht wird durch „Weißmacher" in langwelliges und dadurch für uns sichtbares Licht umgewandelt.

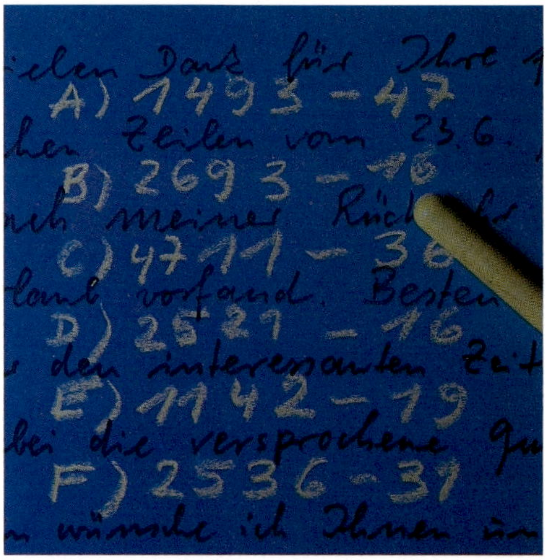

kennzeichnen. Die Markierung ist nur unter UV-Licht für uns zu sehen. Auf den Fotos wird diese Substanz als Geheimschrift zwischen den Zeilen benutzt.

Tricks und Tips:

In Diskotheken findet man häufig eine Lichtquelle mit hohem UV-Anteil. Das sogenannte „Schwarzlicht" schimmert mit seinem sichtbaren Lichtanteil

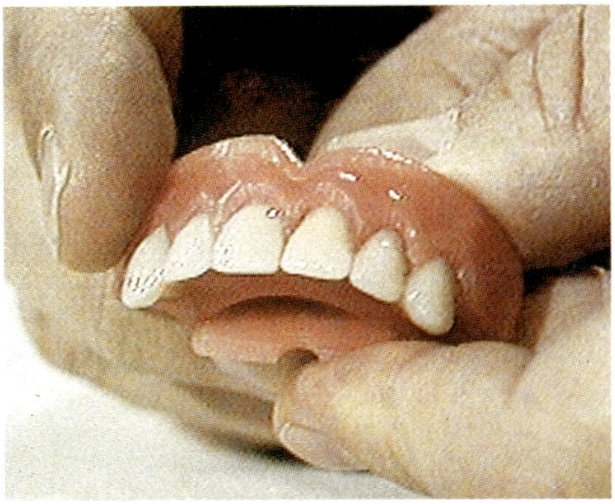

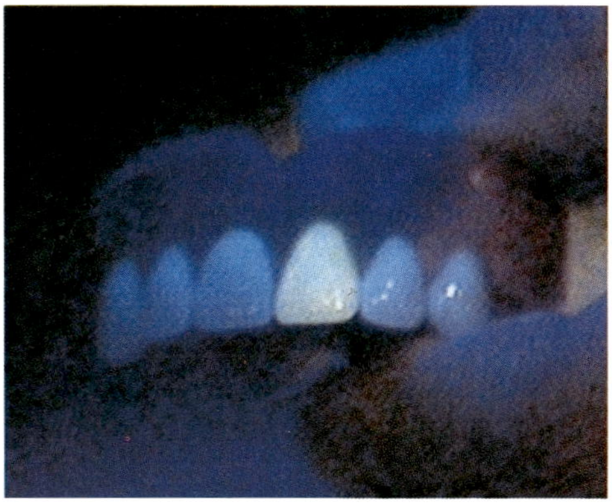

sehr seltsam in den Augen. UV-Schminken werden in Diskotheken getragen. Sie sind, im normalen Licht betrachtet, nicht besonders eindrucksvoll – erst im UV-Licht entfalten sie ihre Wirkung. Sie wandeln das UV-Licht in verschiedenfarbig sichtbares Licht um. Auch die weißen Hemden und die Zähne leuchten sehr schön weiß. Hat nun ein Besucher einen falschen Zahn im Mund, so kann es peinlich werden.

Der falsche Zahn ist im normalen Licht nicht von den echten Zähnen zu unterscheiden – so weiß ist er. Im UV-Licht reagiert er aber ganz anders. Er erscheint entweder schwarz, weil in der Mischung die Anteile fehlen, die das UV-Licht in sichtbares weißes Licht umwandeln, oder noch strahlender weiß als seine natürlich gewachsenen Nachbarn. Auf die richtige Mischung kommt es also bei falschen Zähnen an. Früher hat man versucht, durch Zumischung von radioaktiven Substanzen die Materialien so zu verändern, daß das UV-Licht in sichtbares weißes Licht umgewandelt werden kann. Dabei helfen die Strahlungspakete aus dem radioaktiven Uranoxid den Elektronen auf höhere Umlaufbahnen. Jetzt reicht die Energie des UV-Lichts aus, die Elektronen auf noch höhere Bahnen zu heben. Fallen die Elektronen dann auf die Zwischenbahn zurück, so strahlen sie sichtbares weißes Licht ab.

Die für uns unsichtbaren Strahlen aus radioaktiven Substanzen werden in einer „Nebelkammer“ sichtbar gemacht. Die Strahlen ziehen Kondens-

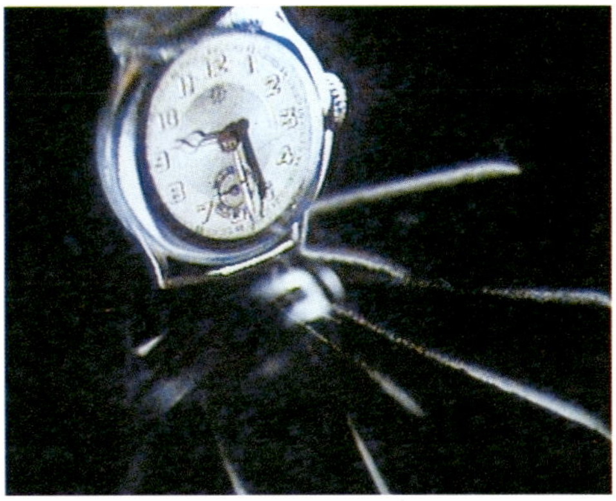

streifen hinter sich her. Sie treten aus der Leuchtsubstanz einer Uhr aus, die man früher auch mit radioaktiven Substanzen gemischt hat, um das Zifferblatt der Uhr im Dunkeln zum Leuchten zu bringen. Die Strahlen regen Elektronen an, die beim Zurückfallen in die Ausgangsenergie Licht abstrahlen.

Die gesundheitsgefährdenden Zähne gibt es heute kaum noch. Glücklicherweise sind heute die falschen Zähne unter Zumischung anderer Substanzen zum „weißen Zahn“, auch im UV-Licht, geworden.

39

Metalle, die sich erinnern

Das Kunststück:

Ein sogenanntes Memory-Metall wird in kaltes Wasser gelegt. Die aufgerichtete Spiralform fällt plötzlich in sich zusammen. In heißem Wasser nimmt es wieder seine ursprüngliche Form an. Deshalb nennt man dieses Material Memory-Metall – ein Metall mit Gedächtnis. Witzbolde sehen darin einen BH, der beim Tragen – bei Körpertemperatur also – seine Form behält, zum Verpacken jedoch abgekühlt werden muß, um Platz zu sparen. Der Koffer muß dann nur kühl gelagert werden, um diese platzsparende Form des Materials zu bewahren.

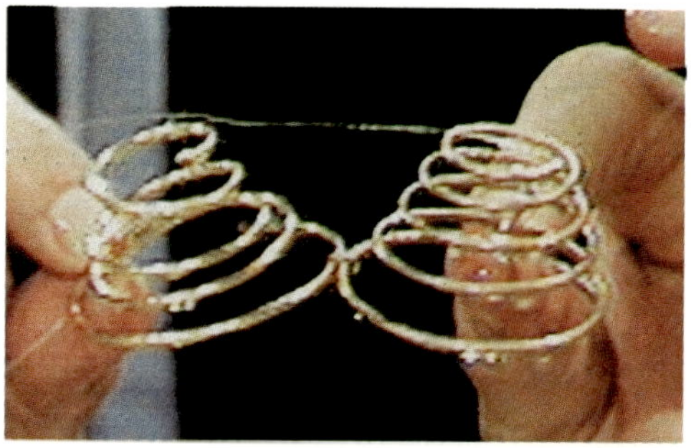

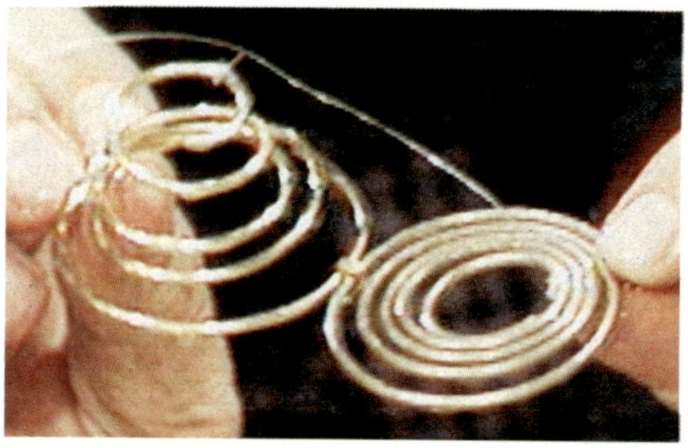

Das knoff-hoff:

Diese Memory-Metalle sind Legierungen, also ein Gemisch aus verschiedenen Metallen. Dazu geeignet sind z. B. Nickel-Titan oder Kupfer-Aluminium-Zink. Diese Legierungen besitzen in ihrer Mikrostruktur mehrere stabile Zustände. Je nach der Temperatur verschieben sich die mikroskopisch kleinen Bereiche. In der Grafik ist das schematisch dargestellt. Wenn der Stab gerade ist, befinden sich die Plättchen in einer mittleren Lage. Bei Erwärmung rasten sie in eine andere stabile Position ein. Durch diese Verschiebung krümmt sich der Stab. Wird die Legierung abgekühlt, so verschieben sich die Plättchen wiederum – der Stab biegt sich in die entgegengesetzte Richtung. Die Herstellung dieser Legierungen ist relativ aufwendig. Durch äußerst exakte Mischung der Metalle werden die Legierungen auf die jeweilige Verformungstemperatur „eingestellt". Bei Überhitzen oder Unterkühlen außerhalb dieser Temperaturbereiche wird der Werkstoff sehr hohen Spannungen ausgesetzt und verliert sein „Gedächtnis". Begonnen wurde mit der Entwicklung dieser Legierungen vor etwa 20 Jahren. Nickel-Titan zeigt in seinen Eigenschaften einige Vorteile, ist aber relativ teuer. Billiger sind Legierungen auf

knoff-hoff Fans aufgepaßt:

Bitte „knoff-hoff Glückskarte“ auf der Rückseite ausfüllen und frankiert in den Briefkasten werfen. Es lohnt sich!

Absender:

60 Pf

G + G Urban Verlag
GmbH
Whistlerweg 10 A
8000 München 71

knoff-hoff bringt Glück! knoff-hoff bringt Glück! knoff-hoff bringt Glück! knoff-hoff bringt Glück!

knoff-hoff Glückskarte

☐ Ich will das irre, weiße, die Lippen bewegende Radio aus der knoff-hoff Show, von denen monatlich eines verlost wird, gewinnen.
Einsendeschluß jeweils zum Monatsende (von Oktober 1987 bis September 1988). Der Rechtsweg ist ausgeschlossen.

☐ Schicken Sie mir den verrückten Aufkleber „Ich hab' knoff-hoff" (solange Vorrat reicht).

☐ Ich sehe die knoff-hoff Show ab und zu ☐ regelmäßig.

☐ Ich möchte Ihr gesamtes Buchprogramm kennenlernen.

☐ Ich interessiere mich für die heißen Produkte, die im Buch/der Sendung vorgestellt wurden. Sagen Sie mir, wo ich sie bekommen kann.

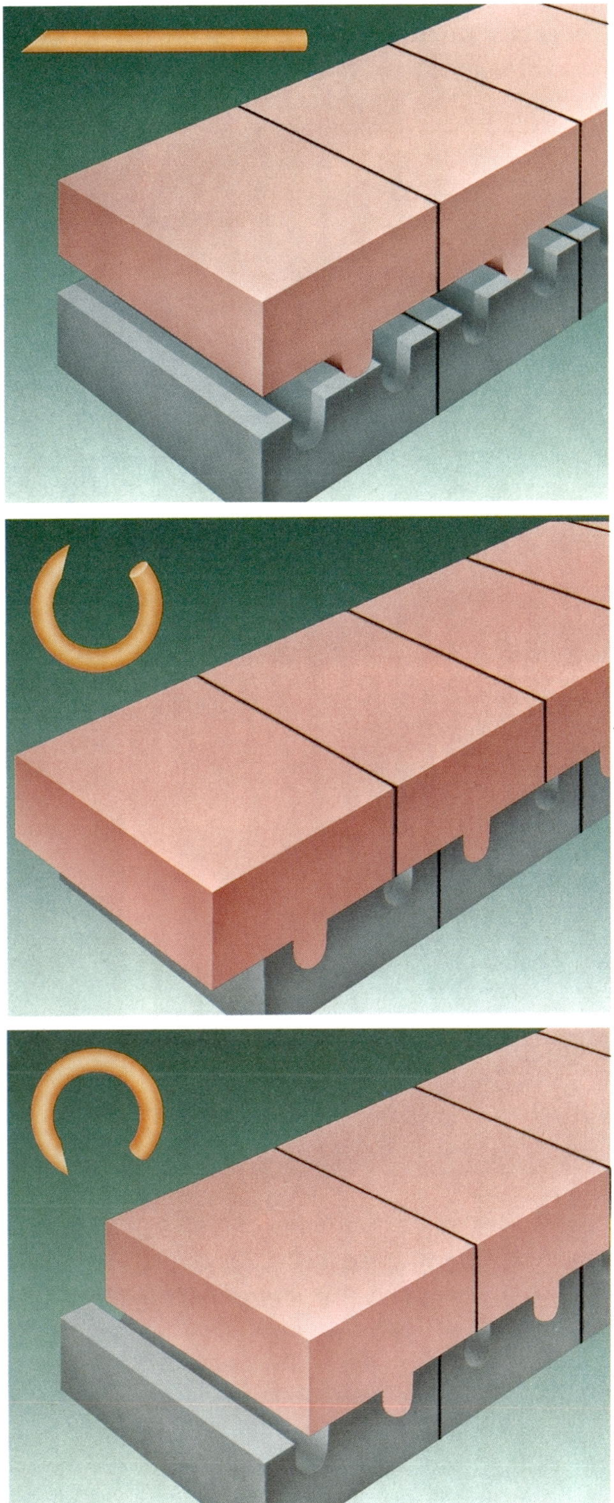

Schematische Darstellung der Mikrostruktur einer Memory-Legierung. Kleine Bezirke können verschiedene stabile Lagen einnehmen. Beim Übergang in die einzelnen Phasen verändert sich auch die äußere Form der Legierung. In der linken oberen Ecke ist jeweils die Krümmung des Drahtes angegeben.

Kupferbasis, die aber weitaus empfindlicher gegenüber Überhitzung sind. Gegenwärtig versucht man, Anwendungen für diese erstaunlichen Legierungen zu finden. Als Spaß ist

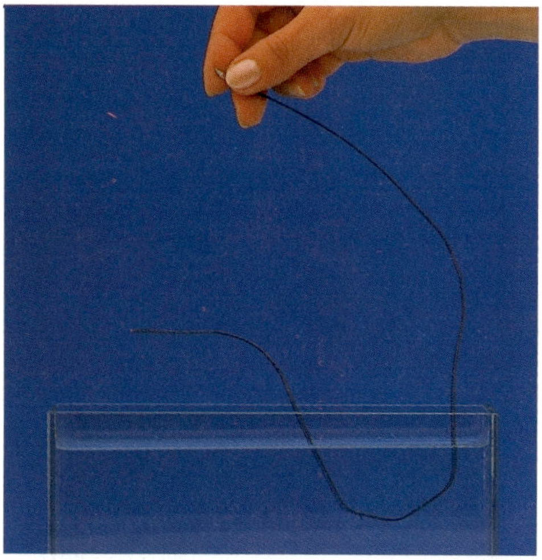

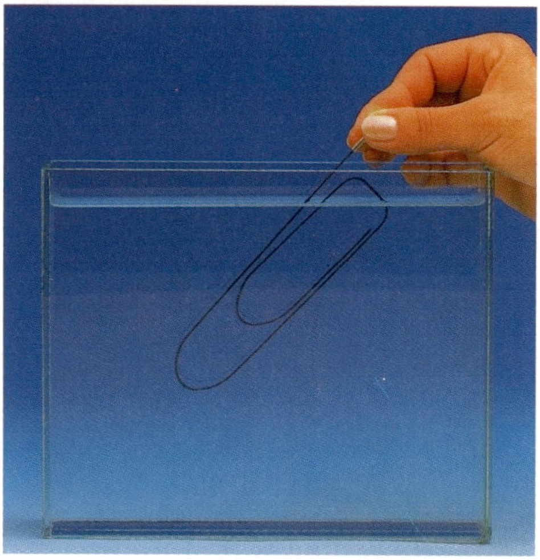

diese Büroklammer gedacht, die sich je nach Temperatur verformt. Es wurde auch überlegt, Autos aus diesen Legierungen zu bauen. Nach einem Unfall könnte man dann mit heißem Wasser die Beule selbsttätig wieder ausgleichen. Der hohe Preis für diese Legierungen läßt diese Idee vergnügliche Theorie bleiben. Realistischer ist es, aus diesen Metallen Ventilfedern

zu bauen. Überhitzt sich ein Heißwasserkreislauf, z. B. in einem Kraftwerk, so schließt sich das Ventil aus der Memory-Legierung automatisch, weil die veränderte Temperatur die Metallfeder in eine andere Form springen

läßt. Die Kugel blockiert dann das Rohr. In der Weltraumtechnik will man Metallstrukturen aus Memory-Legierungen benutzen. Bei einer bestimmten Temperatur haben sich die Träger zusammengerollt – gut für den Transport. Unter Weltraum-Temperatur sollen sie sich dann auseinanderrollen – verbunden mit amorphen Solarzellen z. B. zur Energiegewinnung.

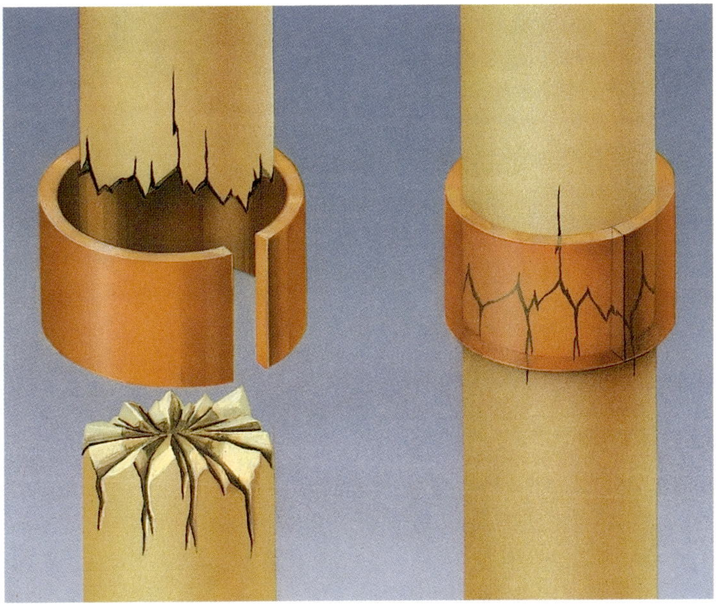

Tricks und Tips:

In der Medizin versucht man, Klammern aus den Memory-Legierungen einzusetzen. Bei einem komplizierten Knochenbruch z. B. wird eine Manschette über den Bruch geschoben. Bei Zimmertemperatur ist sie leicht geöffnet. Bei 37 °C aber, unserer Körpertemperatur, schließt sie sich. Die Bruchstelle ist so besser fixiert.

In der Technik können damit gebrochene Ölleitungen unter Wasser repariert werden. Eine Manschette aus der Memory-Legierung wird dazu, mit flüssigem Stickstoff unterkühlt, an die Bruchstelle gebracht. Bei dieser Temperatur ist die Klammer weit geöffnet, und die beiden Enden des gebrochenen Rohres sind einfach in die Manschette zu stecken. Wird die Kühlung mit dem flüssigen Stickstoff beendet, schließt sich die Klammer bei der Umgebungstemperatur und verbindet so die Bruchstelle. Rohrleitungen bei Bohrinseln konnten so repariert werden.

Überraschend ist auch der Motor aus einem Memory-Draht. Allein der Draht treibt die Räder an. Das Ende wird in ein Glas mit heißem Wasser getaucht, das andere Ende befindet sich in der kühleren Umgebungsluft. Im heißen Wasser verformt sich der Draht und geht in der kühleren Luft in seine ursprüngliche Form zurück. Diese Krümmung setzt den Draht in Bewegung.

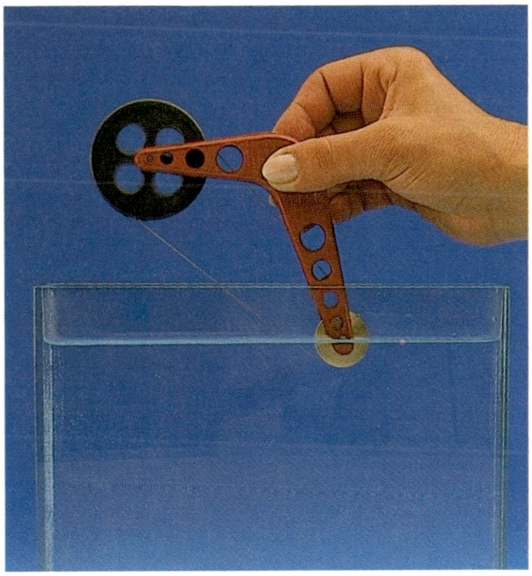

40

Wie stabil ein Bogen ist

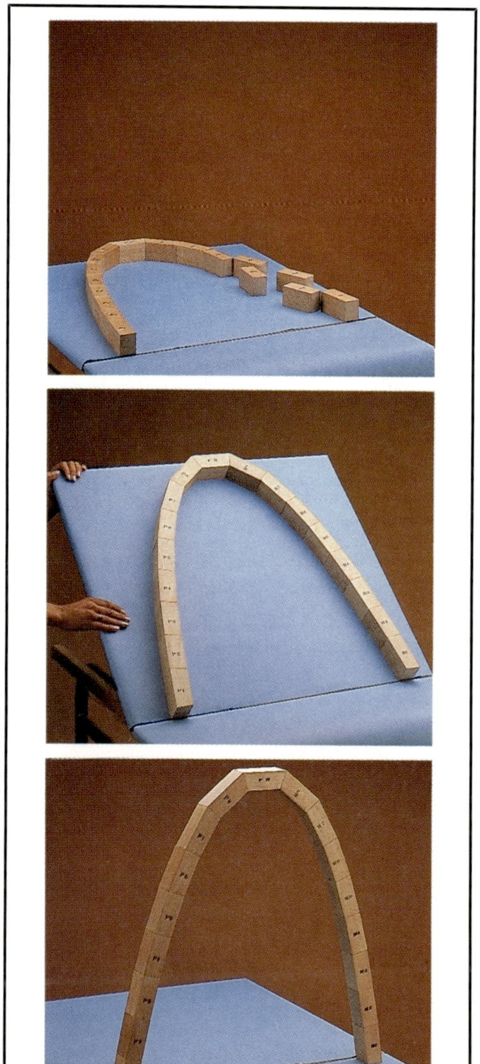

Das Kunststück:

Ein Bogen aus Holz wird in einzelne Blöcke zersägt. Diese Blöcke werden numeriert. Legt man die Blöcke in der richtigen Reihenfolge auf ein Brett und richtet das Brett vorsichtig auf, so bleibt der Bogen stehen, obwohl er aus einzelnen Klötzen zusammengesetzt ist. Man kann sogar leicht auf den Bogen drücken, ohne daß er zerstört wird.

Das knoff-hoff:

Daß ein Bogen stabil ist, haben schon die alten Römer gewußt. Sie haben deshalb für ihre Brücken Bogenformen benutzt.

Das Kräftediagramm zeigt, warum. Wird von oben eine Kraft ausgeübt, so verteilt sich diese Kraft über den ganzen Bogen. Die einzelnen Blöcke „verkanten" ineinander, um so stärker, je größer die Belastung ist. Unser Bogen aus den lose zusammengefügten Holzklötzen kann so der Anziehungskraft der Erde – der Schwerkraft – widerstehen. Wirkt jedoch eine Kraft auf das Bogeninnere, so bricht der Bogen in sich zusammen. In der Natur kommen solche runden Formen häufig vor – und sie sind sehr stabil. Ein Ei z. B. ist mit dem Bogen zu vergleichen. Es ist

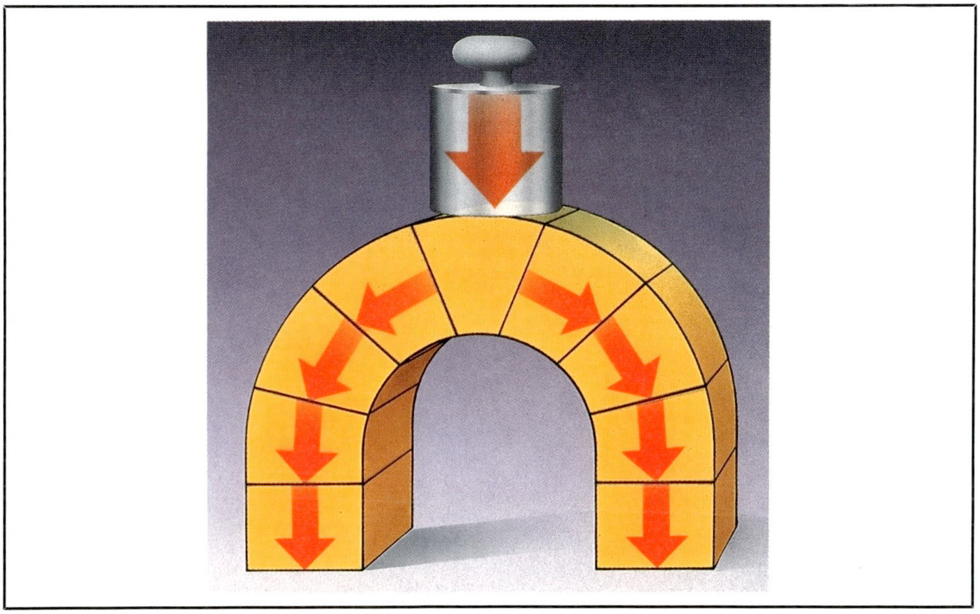

äußerst schwer, ein rohes Ei mit der Hand zu zerquetschen, eben weil die Kräfte in einer runden Form so gut verteilt werden. Das soll beim Ei ja auch so sein, weil der Inhalt geschützt sein muß. Klopft man mit einer leeren Eischale auf einen Nagel, so ist sie – obwohl äußerst dünn – recht stabil, dreht man die Eischale jedoch um und klopft mit der Innenseite auf den Nagel, so zerbricht sie sehr schnell. So muß es auch sein, denn Klopfen von außen bedeutet Gefahr für das Küken. Deshalb ist die Festigkeit sinnvoll. Von innen aber muß es herausschlüpfen, deshalb muß das Ei leicht aufbrechen. Ein kleines Wunderwerk – solch ein Ei.

Tricks und Tips:

Das Brett, auf dem die numerierten Klötze zusammengelegt werden, befestigt man am besten mit einem Scharnier – so ist das Aufschichten der Konstruktion einfacher. Die Klötze müssen sorgfältig gesägt sein.

41

Der Yoghurtbecher mit Gedächtnis

Das Kunststück:

Nehmen Sie einen leeren Yoghurtbecher aus Kunststoff, und stellen Sie ihn für einige Minuten in den warmen Backofen. Plötzlich beginnt er zu schrumpfen und wird zu einer Scheibe. Das alles sollte auf einer Aluminiumfolie und bei etwa 160 °C Ofentemperatur stattfinden.

Das knoff-hoff:

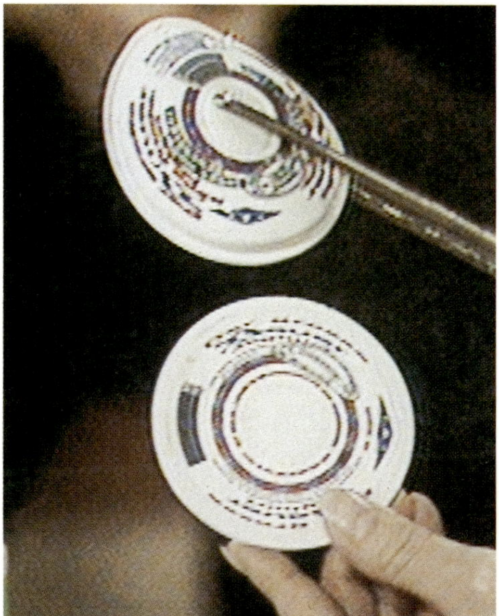

Die Becher werden in der Fabrik aus Kunststoffplatten unter Hitze mit einem Kolben ausgebeult. Das streckt zwar die langen, verknäulten Molekülketten, bringt sie jedoch nicht aus ihrer ursprünglichen Verankerung. Der Kunststoff erstarrt bei Abkühlung. Damit bleiben die Moleküle gestreckt und können ihre ursprüngliche Lage nicht wieder einnehmen. Der Becher ist also nur in diesem Zustand „eingefroren". Beim erneuten Erwärmen – und dem damit verbundenen Flüssigwerden – geht der Becher deshalb sehr schnell wieder in seine ursprüngliche Plattenform zurück. Je langsamer die Erwärmung beim „Kunststück" im Backofen ist, um so besser das Ergebnis.

Tricks und Tips:

Solche erzwungenen Formen kann man auch gezielt herstellen. Eine Stange aus Polyvinylchlorid wird dazu in kochendem Wasser aufgewickelt und in dieser Form festgehalten. Die langen Molekülketten des Kunststoffs sind miteinander verknotet. Durch das Aufwickeln werden sie nur gestreckt. Sie lösen sich dabei aber nicht aus ihrer Verankerung – die ursprüngliche Stangenform ist damit gespeichert. Nach dem Abkühlen verhindert der feste Zustand das Zurückgehen in die ursprüngliche Form. Die Spirale dreht sich jedoch im heißen Wasser, in dem der Kunststoff weich wird, wieder auf. Der Kunststoff scheint ein „Gedächtnis“ zu besitzen. Mit solchen Tricks können auch Spielzeuge hergestellt werden. Eine Methode ist es, Figuren zunächst aus Kunststoff zu pressen. Beschießt man danach diese Form mit Elektronen, so verknoten die Moleküle in dieser Position – es bilden sich Verankerungen. Beim anschließenden Pressen in Plättchenform werden die Moleküle nur gedehnt oder gestaucht. Sie sind zwar von diesen Ankerpunkten aus beweglich, lösen sich jedoch nicht aus ihrer Vernetzung mit den festgelegten Knotenstellen. Im warmen Wasser „erinnern“ sie sich deshalb an ihre ursprüngliche Form. Die gedehnten oder gestauchten Moleküle gehen nun wieder in ihre Ausgangslage zurück. Deshalb entsteht aus dem Plättchen wieder die ursprüngliche Figurenform.

In der Technik benutzt man diese Methode bei sogenannten Schrumpfschläuchen. Werden zwei Kabel miteinander verbunden, so stülpt man ein präpariertes Schlauchstück aus Kunststoff über die beiden Enden.

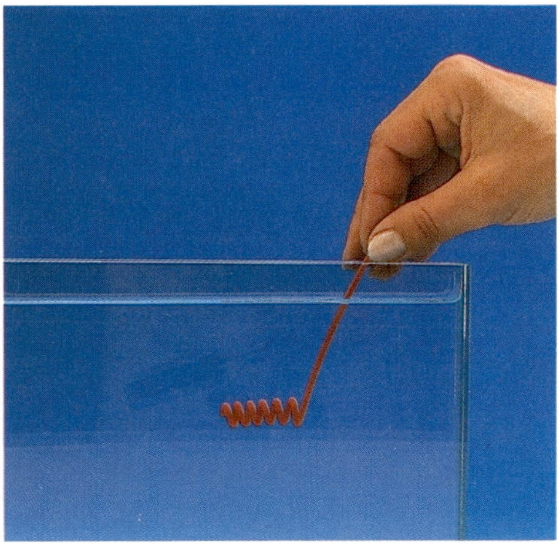

Beim Erwärmen schrumpft dieses Schlauchstück und verbindet dadurch die beiden Kabel miteinander. Dieser Schrumpfschlauch wird in der Phase mit dem kleinen Durchmesser mit Elektronen bestrahlt. Dadurch können sich die Verankerungszentren der Moleküle bilden. Anschließend weitet man den Schlauch unter Wärme aus und läßt ihn erstarren. Wird der Schlauch dann bei der Verbindung der beiden Kabel wieder erwärmt, „erinnert“ er sich an die alte, schmälere Form und zieht sich zusammen.

42

Die verzauberte Stimme

Das Kunststück:

Mit Luftballons kann man seine Stimme verändern. Sie hören beim Sprechen, wie Ihre Stimme klingt. Von einem Tonband abgespielt aber erscheint Ihnen Ihre Stimme fremd. Sie klingt völlig anders, als Sie es gewohnt sind.

Das liegt daran, daß die Schwingungen, die bei der Stimmerzeugung im eigenen Kopf entstehen, vom Hörorgan anders aufgenommen werden, als wenn sie über die Luft das Trommelfell treffen. Im Kopf wird der Schall teilweise auch über die Knochen geleitet – das gilt vor allen Dingen für die niedrigen Frequenzen. Der Stimmeindruck, den Sie von sich haben, wird deshalb durch eine Tonbandaufnahme rasch korrigiert.

Aber die Stimme kann man auch noch anders beeinflussen. Wenn Sie aus einem mit Helium gefüllten Luftballon kräftig einatmen, so erleben Sie beim Sprechen eine Überraschung. Ihre Stimme klingt plötzlich sehr hell – die Synchronisationsstimme von Donald Duck ist nur ein matter Abglanz dagegen. Nach einiger Zeit, wenn das Helium ausgeatmet ist, verliert sich dieser Effekt wieder.

Das knoff-hoff:

Offenbar wird durch das Helium die Lautbildung beeinflußt. Für das Sprechen wichtig sind die Stimmbänder. Sie strahlen, wenn durch sie Luft strömt, ein Gemisch von Schallwellen ab. Die eigentliche Lautformung geschieht im Nasen-Rachen-Raum. Der Hohlraum wird mit Hilfe der Zunge in seiner Größe verändert. Dadurch entsteht ein Resonanzraum für die eine oder andere Schwingung, d. h., der Laut hört sich höher oder tiefer in der Stimmlage an. Diese Resonanz ist vergleichbar mit der Eigenschwingung beim Gläser-„Zersingen".

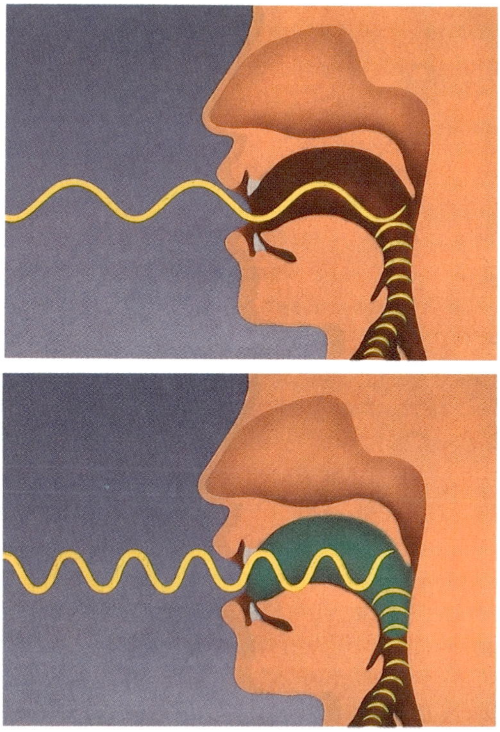

Die Resonanzeigenschaft des Nasen-Rachen-Raumes hängt auch vom eingeatmeten Gasgemisch ab. Bei gleicher geometrischer Form werden bei verschiedenen Gasen unterschiedliche Wellenlängen und damit Tonlagen bevorzugt.

Von Kind an sind wir trainiert, durch die räumliche Veränderung unseres Rachenraumes die Kunst der Lautformung zu beherrschen. Diese Bevorzugung bestimmter Frequenzen, d. h. die Verstärkung unterschiedlicher Tonlagen, wird aber nicht allein durch die geometrische Ausdehnung bestimmt. Wir sprechen ja im Medium Luft. Ersetzen wir die Luft durch ein anderes Gas – z. B. durch Helium –, so verändert sich auch die Ausbreitungsgeschwindigkeit der Schallwellen in diesem Gas und damit die Resonanzeigenschaft eines Hohlraums. Bei gleicher Formung des Rachenraumes werden jetzt andere Frequenzen bevorzugt – deshalb die überraschend hohe Stimmlage beim Einatmen von Helium. Auch schon unterschiedliche Temperaturen beeinflussen die Eigenschaften eines Resonanzraumes. Gase besitzen ja – abhängig von der Temperatur – eine unterschiedliche Dichte und damit für die Schallwellen eine unterschiedliche Geschwindigkeit. Die Resonanzfrequenz hängt von der Schallgeschwindigkeit ab.
Streichinstrumente müssen deshalb – je nach Raumtemperatur – nachgestimmt werden. Deshalb auch die Aktivitäten der Musiker vor dem Konzert.

Tricks und Tips:

Unbedingt müssen Sie bei diesem Kunststück darauf achten, reines Helium – am besten Taucherhelium – zu benutzen. Helium ist ein Edelgas und reagiert deswegen nicht chemisch mit unserem Körper. Das Helium ersetzt durch das Einatmen jedoch für kurze Zeit die Luft in unserer Lunge, die ja den für uns so wichtigen Sauerstoff enthält. Deshalb sollten Sie nicht zu tief einatmen – und kreislaufschwache

Menschen sollten dieses Experiment ganz sein lassen. Das Helium, das zum Füllen von Luftballons benutzt wird, ist nicht immer rein! Prinzipiell gibt es auch noch andere Gase, mit denen man dieses Experiment machen kann, was allerdings ohne zusätzliche Informationen nicht ratsam ist. Verschiedene Gase verändern das Resonanzverhalten des Rachenraumes unterschiedlich – die Laute klingen je nach der Dichte des Gases anders. Für Tiefseetaucher übrigens ist diese Heliumsprache ein Problem bei der Kommunikation. Zur Vermeidung der Taucherkrankheit, bei der sich beim Auftauchen im Blut schädliche Gasblasen bilden können, müssen die Taucher in großer Tiefe ein Helium-Sauerstoff-Gemisch einatmen. Das hängt mit der unterschiedlichen Löslichkeit der Gase im Blut in Abhängigkeit vom Druck zusammen. Die Sprache über ein Tauchermikrofon klingt durch das Helium genauso stark verändert wie bei unserem Kunststück. So groß ist dieser Effekt, daß die Sprache nahezu unverständlich wird. Techniker haben deshalb eine Elektronik entwickelt, die diese Verschiebung der Frequenzen in den höheren Bereich wieder rückgängig macht. Die Sprache des Tauchers klingt nach Zwischenschaltung dieser Elektronik wieder wie normal.

Diese Apparatur ist übrigens auch eine Hilfe für Schwerhörige. Im Alter läßt die Fähigkeit, hohe Frequenzen zu hören, nach. Auch nach bestimmten Erkrankungen im Ohr ist es oft nur noch möglich, sehr tiefe Frequenzen zu hören. Das Trommelfell und die Sinnesorgane reagieren im Extremfall nicht mehr so gut auf Frequenzen über 1000 Hertz. Mit dieser Elektronik ist es nun möglich, die hohen Frequenzen unserer Sprache in tiefe Frequenzen umzuwandeln. In ein Hörgerät integriert, wäre also die Vielfalt der Umwelt – im akustischen Sinne – für Schwerhörige wieder wahrnehmbar. Bis jetzt ist diese Entwicklung aber noch im Laborstadium.

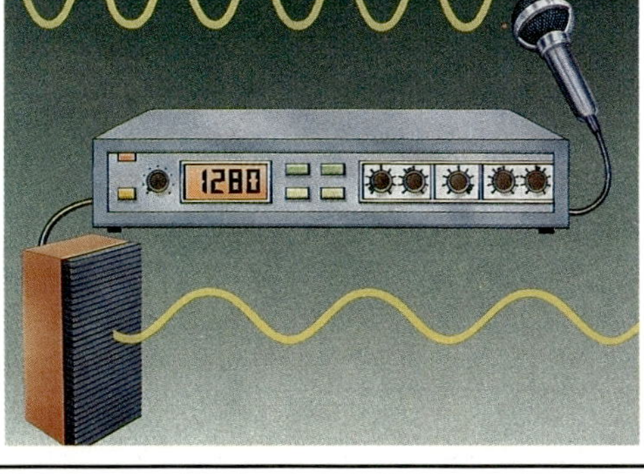

Hohe Frequenzen, d. h. kurze Wellenlängen, werden mit Hilfe einer Elektronik zu tiefen Frequenzen umgewandelt.

43

Der sprechende Computer

Das Kunststück:

Maschinen sprechen zu lassen war schon immer ein Traum der Erfinder. In Anlehnung an die menschliche Lautbildung haben sie dazu eine schwingende Membran, die den Stimmbändern beim Menschen entsprechen soll, und einen veränderlichen Resonanzraum miteinander gekoppelt. Das oben abgebildete Gerät – ein Nachbau aus dem 19. Jahrhundert – kann so „hurra" schreien, mehr nicht. Variabler ist dabei schon das folgende Modell. Die einzelnen Klötze sind in ihrer Stellung veränderbar. Der Resonanzraum verstärkt deshalb je nach seiner Form die eine oder andere Frequenz. Eine Membran, mit Preßluft betrieben, gibt Schwingungen ab. Mehrere Laute sind damit erzeugbar – auch Worte, wenn man die Klötze schneller verschieben könnte. Computer sind schnell. Mit ihrer Hilfe ist eine künstliche Spracherzeugung weitaus realistischer.

Das knoff-hoff:

Für einen Computer wichtig ist das Programm, die Anweisungen, nach denen er arbeiten kann. Mit einem Mikrofon und einer Elektronik werden zunächst einmal die Frequenzen, aus denen ein Laut oder ein Wort besteht, analysiert. So stellt sich z. B. das Wort

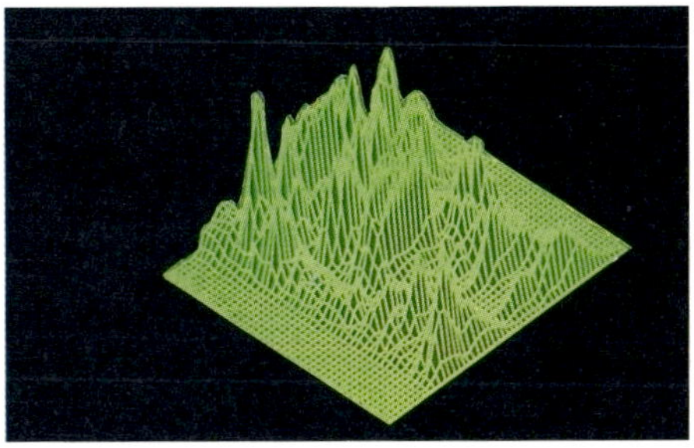

Frequenzspektrum des Wortes „Finale" von einem Mann gesprochen

„Finale“ in dem Frequenzbild wie ein regelrechtes Gebirge aus Schwingungen dar.
Für einen Computer muß dieses Frequenzspektrum in „Ja-Nein“-Aussagen umgewandelt werden, dann erst ist es möglich, die Information abzuspeichern. Es gibt tatsächlich Versuche, diese digitalisierten Frequenzbilder, die ja Worte darstellen, im Computer zu speichern und sie auf Befehl abzurufen. Ein kompliziertes Verfahren; denn es ist dazu ein sehr großer Speicher notwendig, und es dauert seine Zeit, bis in dem riesigen Reservoir immer das richtige Wort gefunden ist. Je mehr Wörter gespeichert sind, um so länger dauert die Suche.
In einer anderen Konzeption versucht man, das mechanische Klötzchenmodell elektronisch nachzubilden. Auf dem Foto wird die Sprache der Ver-

suchsperson über ein Mikrofon aufgenommen und erscheint auf dem Oszilloskop. Dieses Bild hat große Ähnlichkeit mit den Klötzchen in dem mechanischen Modell. Der Vorteil: Nicht mehr das komplizierte Spektrum eines Wortes oder Lautes muß jetzt vom Computer verarbeitet werden, sondern die Sprache ist jetzt auf die Stellung von etwa zehn Klötzchen reduziert, die den Hohlraum unseres Nasen-Rachen-Raumes nachbilden. Mit diesem Modell und seiner überschaubaren Zahl von Klötzchenstellungen kann der Computer weitaus leichter umgehen und Sprache erzeugen. Gibt man dazu den entsprechenden Befehl ein, so liefert der Computer das dazugehörige Lautmuster – er „spricht“. Heute existieren Maschinen, die mit Hilfe eines solchen Computerprogramms einen Text laut vorlesen können. Eine Kamera registriert die Wörter, und das Worterkennungsprogramm erlaubt es, die entsprechenden Lautmuster zuzuordnen und über einen Lautsprecher auszugeben. Blinde können sich so Texte vorlesen lassen. Große Sprachcomputer liefern heute auch schon eine sogenannte Vollsynthese der Sprache, d. h., die Wörter werden aus einzelnen Lauten gebildet. So sind im Speicher z. B. mehrere „E“ vorhanden; denn das „E“ in „Bett“ wird ja anders ausgesprochen als z. B. in „beten“. Zusätzliche Programme ordnen jeweils das richtige „E“ zu. Einfache Spielcomputer arbeiten etwas anders. Sie haben 200–300 vollständige Wörter auf dem Chip gespeichert, die jeweils abgefragt werden können.

Tricks und Tips:

Ein Sprachcomputer spricht oft sehr abgehackt. Das liegt daran, daß man zwar die Laute an sich über meßbare Größen darstellen kann, Satzmelodie und Betonung sind jedoch kaum zu messen und daher schwer in das Computerprogramm einzubauen. Sprache erkennen ist ja auch ein Prozeß, der im Gehirn stattfindet, und diese Abläufe sind bis jetzt der Wissenschaft verborgen. So kann das Wort „Nacht-Eilzug“ vom Computer auch als „Nachteil-Zug“ ausgesprochen werden. An Zusatzprogrammen, die solche Fehler vermeiden helfen, wird zur Zeit gearbeitet. Auch bestimmte Laute sind nur schwer darstellbar, so daß es noch Lücken in der Computersprache gibt.

Ein Computer kann auch Sprache erkennen. Das Frequenzspektrum wird dann digitalisiert, d. h. in einem Raster zu Ja-Nein-Aussagen zerlegt. Das ist ja genau das, was ein Computer versteht. Er überprüft die Speicherplätze in diesem Raster daraufhin, ob sie besetzt oder leer sind. Daraus baut er sich die Information zusammen.

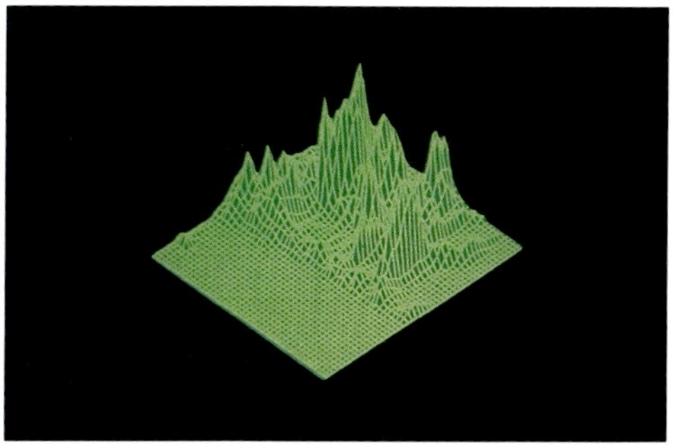

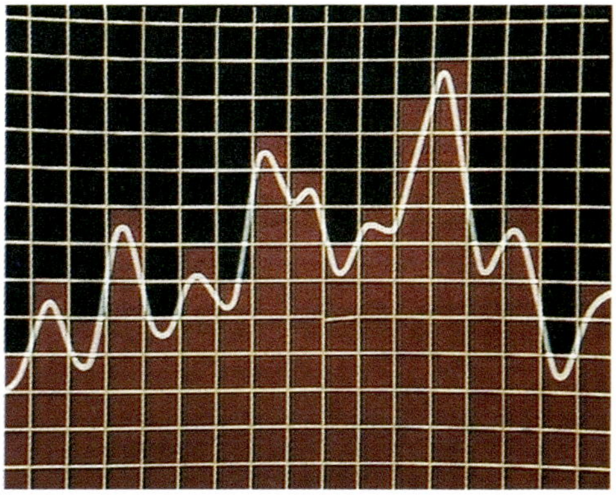

Das Wort „Finale“, dieses Mal von einer Frau gesprochen, sieht dann so wie im Foto (rechts o.) aus. Hat nun der Computer Sprachmuster von Wörtern gespeichert, so kann er mit dem entsprechenden Programm die einlaufenden Muster vergleichen und erkennen. Das gerade über das Mikrofon hereinkommende Sprachmuster wird über das gespeicherte „gelegt“. Gibt es eine Übereinstimmung, so ist das Wort erkannt, und der entsprechende Befehl – z. B. das Schreiben des Wortes – kann ausgeführt werden.

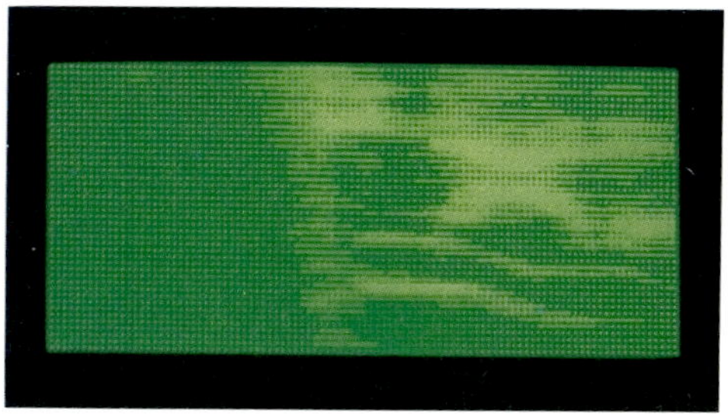

In der Aufsicht und gerastert wird das Spektrum im Computer gespeichert.

Das ankommende Sprachsignal wird von einer Elektronik computergerecht in „Ja-Nein“-Aussagen zerlegt. Im Computer sind auf gleiche Weise Wörter gespeichert. Durch Übereinanderlegen kann der Computer gleiche Muster und damit Wörter erkennen. Leichte Abweichungen werden dabei von ihm toleriert.

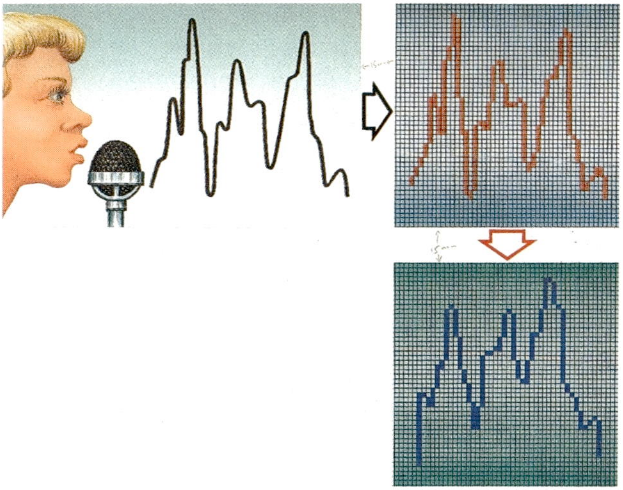

Die heutigen Sprachcomputer arbeiten fast alle nach dieser Methode. Bis zu 1000 Wörter in dem digitalisierten Muster sind im Computer zum Vergleich abgespeichert. Man muß mit diesen Computern ziemlich abgehackt sprechen, sonst fließen die Muster ineinander und sind schlecht erkennbar. Vielleicht steht irgendwann die Schreibmaschine der Zukunft zur Verfügung, in die über ein Mikrofon hineingesprochen wird; der Computer erkennt die Frequenzmuster und druckt die entsprechenden Wörter aus. Leider ist das mit dem Erkennen oft auch dann nicht so eindeutig, wenn man abgehackt spricht. Viele Wörter bieten ein ähnliches Frequenzmuster, und zudem sprechen wir oft nicht sehr deutlich. Manche Wörter eignen sich für das Erkennen von Frequenzmustern sehr gut. Das sind vor allen Dingen lange Wörter oder Wörter mit vielen Vokalen. Je signifikanter das Frequenzmuster ist, um so besser ist es zu erkennen und von anderen zu unterscheiden. Vielleicht werden wir in der Zukunft unsere Sprache auf diese Wörter reduzieren, um mit dem Computer sprechen zu können. Heute gibt es schon Systeme, mit denen man über Spracheingabe z. B. Roboter oder Produktionsabläufe steuern kann. Dazu muß der Benutzer vorher mit der Maschine trainieren, d. h. die Wörter zunächst vorsagen. Denn je nach Stimmung oder Temperament sprechen wir dasselbe Wort ja oft verschieden aus. Das ergibt Unterschiede im Sprachmuster. Der Computer errechnet sich aus den voneinander abweichenden Spektren einen Durchschnittswert und ist außerdem programmiert, kleine Abweichungen von diesem Muster zu akzeptieren. Ist diese Toleranzbreite zu groß, so kann

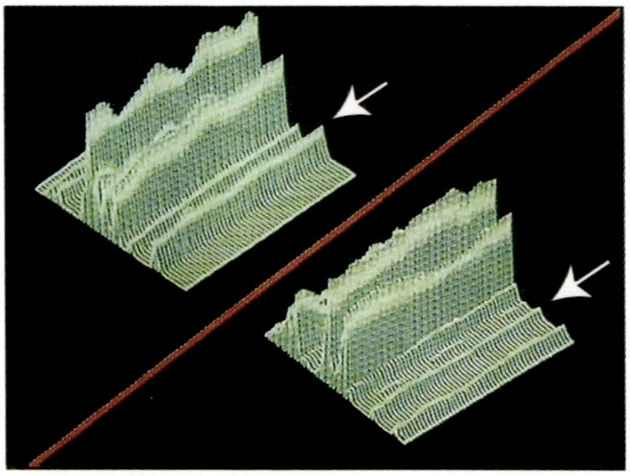

Unterschiede im Frequenzmuster beim gleichen Wort – ausgesprochen von einer Frau (oben) und einem Mann (unten). Die tiefen Frequenzen fehlen in der weiblichen Stimme.

er beim Vergleich ein Muster mit einem anderen verwechseln – das stiftet Verwirrung. Ziel ist es selbstverständlich, möglichst eine sprecherunabhängige Spracherkennung zu entwickeln. Dabei treten aber Probleme auf. Allein das Sprachmuster desselben Wortes ist bei Mann und Frau unterschiedlich. Beim Mann liegen die Grundfrequenzen niedriger als bei der Frau, weil seine Stimme tiefer ist. Erlaubt man nun eine sehr große Toleranzbreite für die Mustererkennung, kommt es sehr leicht und häufig zu Fehlern – das System ist unbrauchbar. Allein schon eine Erkältung kann die Stimme ein und derselben Person so verändern, daß das Frequenzmuster für den Computer nicht mehr erkennbar ist. Deshalb das morgendliche Training am Sprachcomputer, um ihn in die aktuelle Stimmlage „einzustimmen". Allerdings gibt es Wörter, die davon nicht so stark abhängig sind, und darauf setzen die Techniker ihre Hoffnung für ein sogenanntes sprecherunabhängiges System. Etwa 50 Wörter kann so ein Reservoir enthalten. Verführerisch ist es schon, die Anweisungen an den Computer oder Roboter nicht mehr durch Eintippen, sondern über die Sprache zu geben.

44

Kaffee mit Problemen

Das Kunststück:

Nicht jeder ist ein Frühaufsteher. Oft genug wird dadurch die Zeit zum Frühstücken zu knapp. Heißer Kaffee kann dann ein Problem sein. Stellen Sie sich vor, der Kaffee ist zu heiß zum Trinken. Sie haben noch fünf Minuten Zeit und die Möglichkeit, den Kaffee mit etwas Milch abzukühlen. Geben Sie die Milch sofort in den Kaffee oder erst kurz vor dem Ablauf der 5 Minuten? Das Ziel ist es ja, sich nicht die Lippen zu verbrennen.

Das knoff-hoff:

Das Abkühlen erfolgt um so schneller, je höher die Temperaturdifferenz zwischen dem heißen und dem kälteren Objekt, also zwischen dem Kaffee und der Umgebung, ist. In normaler Zimmertemperatur, in der man ja frühstückt, und mit einer vernünftigen Menge Milch, die man dazugießt und die etwa 10° Celsius hat, ist es deshalb besser, das rasante Abkühlen des heißen Kaffees (85° Celsius) abzuwarten und erst kurz vor dem Trinken die Milch hineinzuschütten. Wenn Sie die Milch sofort mit dem Kaffee mischen, sinkt ja die Temperatur des Kaffees, so daß die Temperaturdifferenz mit

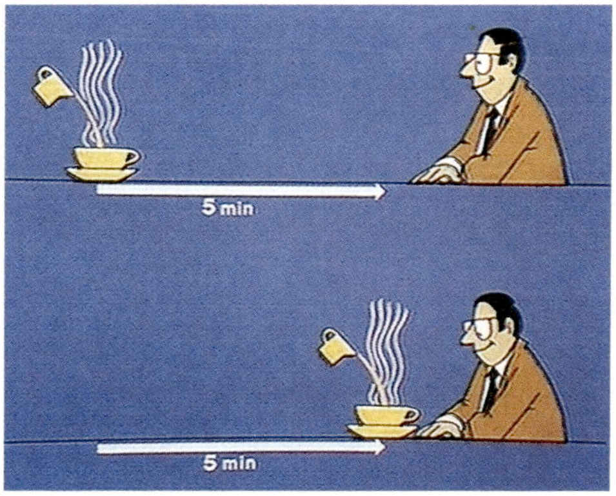

der Umgebung nicht mehr so groß wie vorher ist. Deshalb geht dann die Abkühlung auch langsamer vor sich.

Tricks und Tips:

Unter normalen Frühstücksbedingungen ist diese Aussage sicher richtig. Bei näherer Betrachtung gibt es jedoch Situationen, in denen man die Empfehlung nicht so ohne weiteres geben kann, z. B. wenn Sie an einem kalten Wintertag Ihren Kaffee nach dem Skilaufen draußen trinken. In solchen Fällen kann man Rechnungen anstellen, die zeigen, daß sich bei bestimmten Temperaturen und Mengen der dazugeschütteten Milch die Sache komplizierter darstellt und sich die Empfehlung sogar ins Gegenteil verkehren kann.

45

Sirup mit Gedächtnis

Das Kunststück:

Zuckerrübensirup wird in einen Behälter gefüllt, in dessen Mitte eine drehbare Walze angebracht ist. Auf die Oberfläche legen Sie kleine Styroporkugeln zu einem Kreis. Rühren Sie jetzt um, so verschwindet die Form des Kreises. Kehren Sie jedoch diese Drehung wieder um und gehen in die Ausgangsposition zurück, so erscheint der Kreis wieder. Ein Wunder?

Das knoff-hoff:

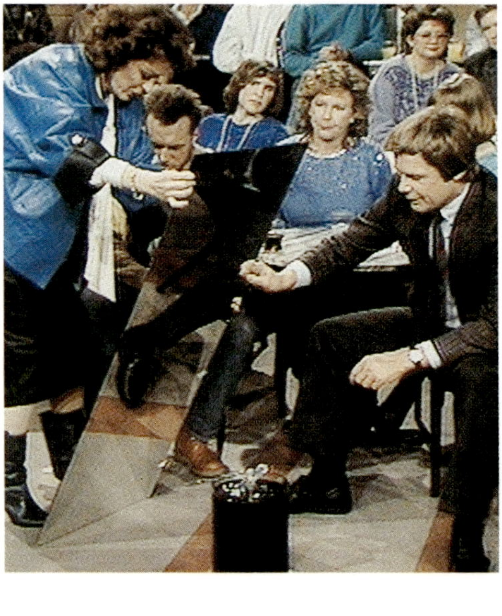

Sirup ist eine zähe Flüssigkeit. Bei der Drehung werden die einzelnen Bereiche des Sirups auseinandergezogen. Offenbar sind die Molekülketten sehr stark miteinander verknüpft. Bei einer Drehung bewegen sich die Teilchen in der Mitte im festen Verhältnis zu den Teilchen am Rande. Sie scheinen stark miteinander verknotet zu sein. Stoppt die Drehung, so bleiben auch die anderen Teilchen sofort stehen. Es gibt keine Verwirbelungen, die das geordnete Verhältnis aller Teilchen in dem zähen Sirup stören. Auch äußerlich ist das gut zu beobachten. So sind von oben die dünnen Streifen zu sehen, die zeigen, wie jeder Sirupbezirk seinen Weg in die Ausgangslage zurückfindet. Auch nach mehreren Drehungen gelingt das Kunststück, daß die Teilchen beim Zurückdrehen wieder ihre Ausgangsposition einnehmen.

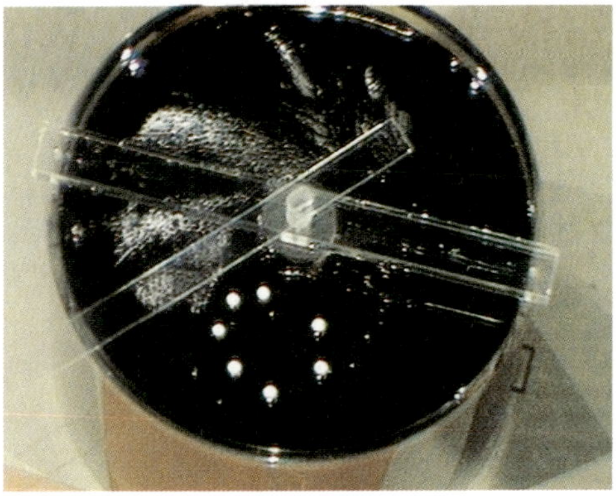

Tricks und Tips:

Sehr gut geht dieses Kunststück auch mit Glyzerin – hier gilt dieselbe Erklärung wie beim Sirup. Glyzerin aller-

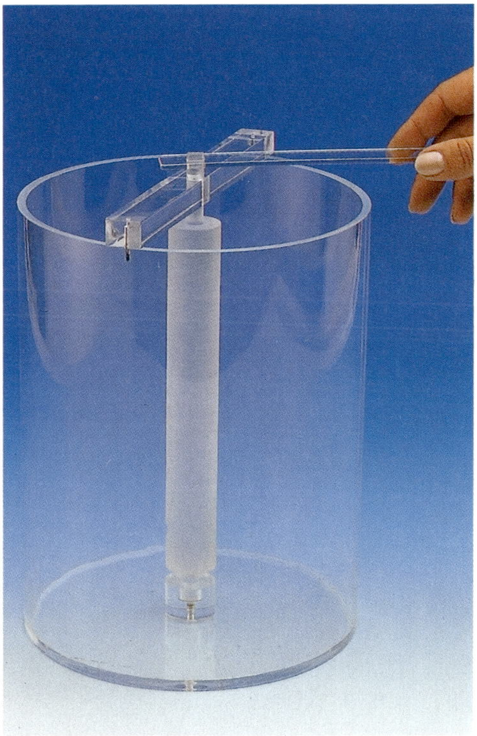

dings ist teuer. Man kann auch in das durchsichtige Glyzerin mit einer Injektionsspritze, die mit Farbe gefüllt ist, einen Farbtropfen einspritzen. Bei den Drehungen scheint die Farbe zu verlaufen. Dreht man aber genau dieselbe Zahl an Umdrehungen zurück, entsteht wieder der ursprüngliche Tropfen. Zu heftiges Drehen sollte man vermeiden, außerdem stört die Diffusion nach einiger Zeit den Ausgang dieses erstaunlichen Kunststückes.

Wie das Gefäß gebaut ist, können Sie dem Foto entnehmen.

46

Die Dressur der Flöhe

Das Kunststück:

Dieses Kunststück ist heute für den Privatmann recht schwierig durchzuführen, weil es die Hauptdarsteller – die Flöhe – nicht mehr so häufig bei uns gibt. Die Flöhe aus dem Flohzirkus ziehen Wagen, drehen Karusselle oder bewegen Gegenstände. Sind sie wirklich dressiert?

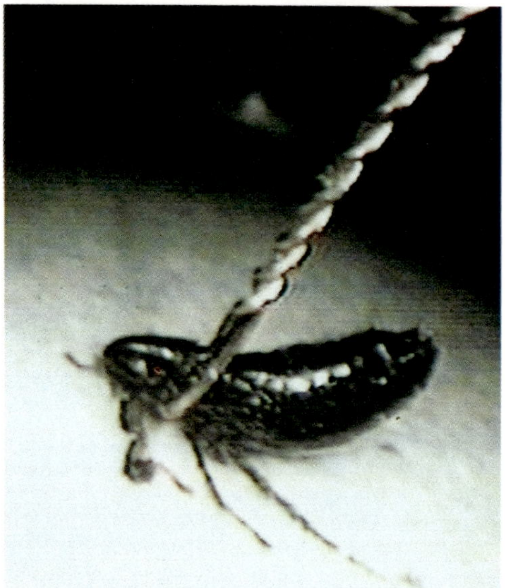

Das knoff-hoff:

Zunächst wird dem Floh ein dünner Draht um den Brustbereich gedreht, der nicht abgleiten kann. Wir machen das mit einer Spezialoptik sichtbar. Normalerweise bewegt sich ein Floh springend fort. Mit dieser schweren Fessel jedoch erkennt der gefangene Floh sehr bald, daß seine Sprungversuche sinnlos sind. Er beginnt jetzt zu laufen. Damit ist es dem Zirkusdirektor möglich, den Floh vor seine Miniaturfahrzeuge zu spannen und den Eindruck zu erwecken, daß die Flöhe dressiert sind. Hinzu kommt, daß die Flöhe das Licht scheuen. Durch geschickte Schattenverteilung mit der Hand kann der „Dompteur" also den Floh in eine bestimmte Richtung bekommen. Flöhe sind eigentlich nicht allzusehr auf Menschen spezialisiert, sie halten sich lieber auf den dichtbehaarten Katzen, Hunden oder Ratten auf. Auch im dichten Gefieder der Vögel kann ein Floh relativ geschützt seinem Lebensunterhalt nachgehen. Sein Körper ist für das Hindurchzwängen in dieser Umgebung gut geeignet. Er ist sehr flach gebaut und verdickt sich – wie alles, was irgendwo eindringen will – nach hinten. Sein Sprungvermögen erlaubt es ihm, etwa 15 cm hoch zu springen; ein 40-cm-Weitsprung ist für ihn kein Problem. Damit kann er nicht nur fliehen, sondern auch neue Lebensräume erschließen. Im Vergleich zu seiner Körpergröße müßte ein Mensch tausendmal weiter und höher springen als ein Floh. Dem Floh gelingen seine phantastischen Sprünge durch einen Trick. Die Sprungmuskeln sind mit einem elastischen Band verbunden. Wenn der Floh springen will, dann spannt er mit seinen Muskeln dieses Band. Beim Absprung wird es plötzlich losgelassen und trägt den Floh auf die gewünschte Höhe oder Weite.

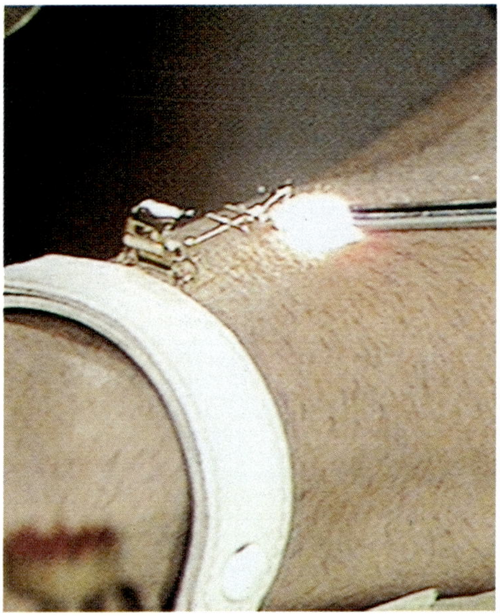

Eine Glasfaseroptik macht den Floh sichtbar.

Die über tausend Floharten haben verschiedene Geschmacksrichtungen entwickelt, wenn es ums Blut geht. Das zeigt sich schon in der Namensgebung. Ein Hundefloh liebt halt das Blut der Hunde – er ist aber auch auf dem Menschen zu finden.
Ein Hühnerfloh wiederum verschmäht die Vögel nicht. Der Floh, der auf Katzen „spezialisiert" ist, geht auch auf den Menschen – umgekehrt springt der Menschenfloh auf den Hund über. Wenn der Floh Hunger hat, sind ihm die kleinen Unterschiede im Geschmack offenbar egal.

Tips und Tricks:

Flöhe müssen auch gefüttert werden. Das tun die echten Profis unter den Zirkusdirektoren, indem sie ihren kleinen Mitarbeitern das eigene Blut anbieten – die Flöhe werden zum Fressen einfach auf die Haut gesetzt. Sinnvoll ist es dann, den engeren Hautkontakt mit Flohzirkusdirektoren zu meiden, denn allzuleicht wird man selber zum Flohbesitzer.

47

Aus Steinen Elektronen pressen

Das Kunststück:

Selbstverständlich sind das keine normalen Steine, von denen hier die Rede ist. Diamanten z. B. liefern elektrische Spannungen, wenn man auf sie drückt – darauf beruht das ganze Prinzip der Abtastnadel bei einem Schallplattenspieler. Die Rillen in der Schallplatte drücken beim Umlaufen der Platte mehr oder weniger stark auf die Diamantenspitze. Dabei entstehen mehr oder weniger starke elektrische Spannungen, die in mechanische Schwingungen – in Töne – umgewandelt werden. Seit einiger Zeit sind Keramiken bekannt, die diesen Effekt viel stärker zeigen. Piezoelektrizität – „Elektrizität aus Steinen" – nennt man diese Art der Stromerzeugung. Auf der Abbildung sehen Sie eine Vorrichtung, die es erlaubt, über einen Hebel Druck auf die Keramiken auszuüben. Die abfließenden Elektronen erzeugen dann zwischen den Metallspitzen einen Blitz, ein Aufleuchten der Luftmoleküle, wenn sie mit den Elektronen zusammenstoßen. Heute ist diese Keramik überall im täglichen Leben zu finden. Feuerzeuge sind damit ausgerüstet oder Zünder für Gasöfen. Auch den Zündfunken im Auto kann man

mit diesen Keramiken erzeugen. Diese Piezozünder können Sie in jedem Elektronikgeschäft kaufen.

Das knoff-hoff:

Die Keramik besteht aus kleinen Dipolen, die bei der Herstellung im elektrischen Feld so ausgerichtet wurden, daß sie alle in eine Richtung zeigen. Dipol heißt, daß die eine Seite des Teilchens elektrisch positiv und die andere elektrisch negativ geladen ist. Wird nun Druck auf die so hergestellte Keramik ausgeübt, so konzentrieren

In der Keramik sind die elektrischen Dipole ausgerichtet.

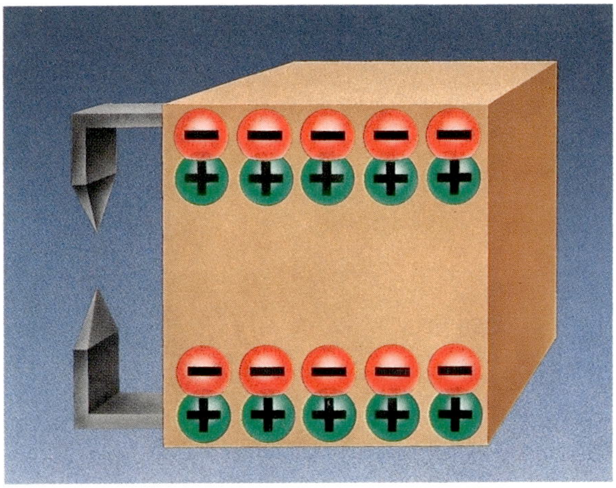

Bei äußerem Druck fließen die dadurch an der Oberfläche konzentrierten elektrischen Ladungen ab.

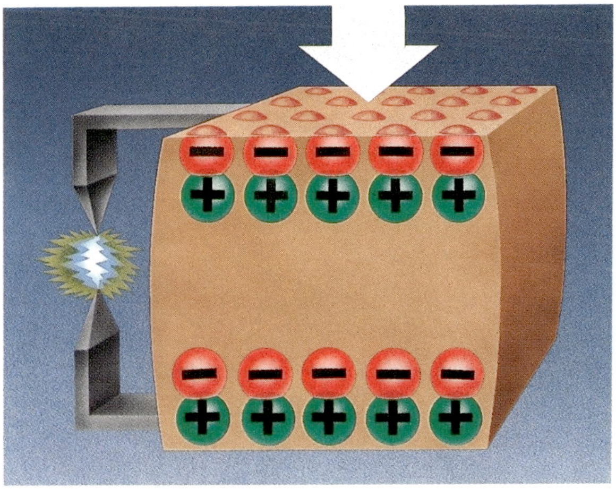

sich die Elektronen an der Oberfläche und fließen zum Ladungsausgleich über die Kontaktdrähte ab. Bei nachlassendem Druck schließt die Keramik die entstandene Ladungslücke aus den Elektronen der Umgebung. Der Funken kann beliebig oft aus der Keramik „herausgequetscht“ werden. Unsere Keramik erzeugt ca. 20 000 Volt bei Stromstärken im Milliampere-Bereich.

Weniger bekannt ist, daß heute auch dünne Folien aus Kunststoff existieren, die diesen Effekt zeigen. Drückt man auf die Folie, so entstehen elektrische Spannungen, die als Steuersignal für einen Roboter benutzt werden können. Die Spannungs- und Stromstärkewerte dieser Folie sind allerdings hundertmal niedriger als die der Keramik.

Diese Folie kann auch den ewigen Streit beim Tennisspielen lösen, wenn es darum geht, ob der Ball nun im Aus war oder nicht. Hinter den Begrenzungslinien im Boden ausgelegt, reagiert die Piezofolie sofort auf den Druck des auftreffenden Balls mit der Abgabe einer elektrischen Spannung. Das kann elektronisch in eine Anzeige umgewandelt werden.

Auch als Sensor für Ultraschallwellen unter Wasser kann diese Folie dienen. Diese Wellen sind ja Druckschwankungen, die beim Auftreffen auf die Folie in elektrische Spannungsschwankungen umgewandelt werden.
Es ist denkbar, die Folien im Flugzeugbau einzusetzen. Belegt man die Flügel eines Flugzeugs mit dieser Folie, so kann man die Über- und Unterdruckverteilung in Form elektrischer Spannungsschwankungen aufzeichnen. Vielleicht eine Hilfe beim Test eines neuen Flugzeugtyps.
Es wurde auch schon darüber nachgedacht, die Folie in den Menschen zu implantieren – am Zwerchfell z. B. –, um mit Hilfe der Atembewegung Strom zu erzeugen. Ein Herzschrittmacher soll so mit Energie versorgt werden. Jedoch sind die entstehenden Stromstärken dafür zu klein, um mit den herkömmlichen Batterien zu konkurrieren.

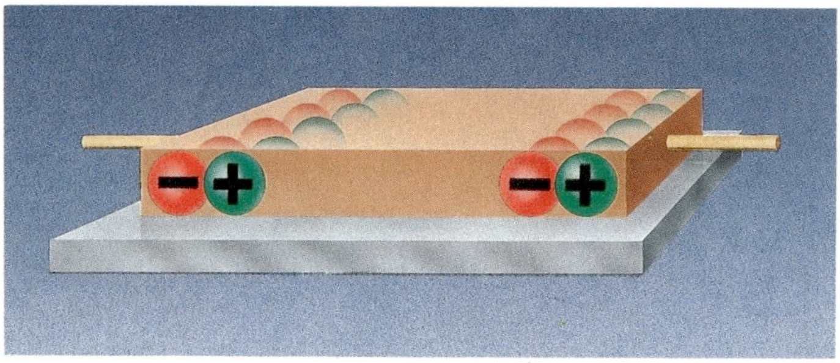

Die Piezokeramik ist auf einen Metallstreifen geschichtet.

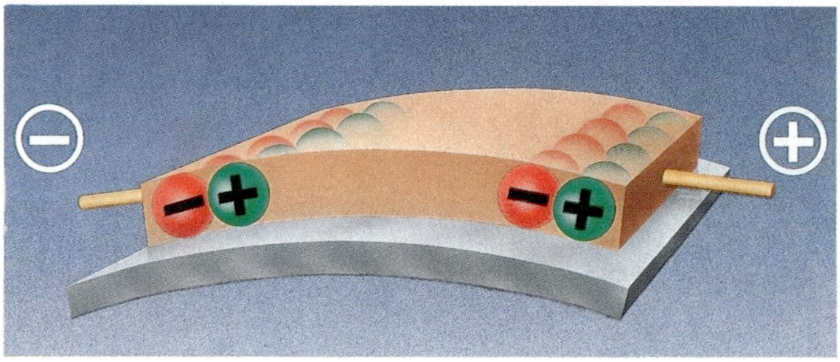

Beim Anlegen einer elektrischen Spannung weichen die Dipole der gleichen Polung aus – der Metallstreifen krümmt sich.

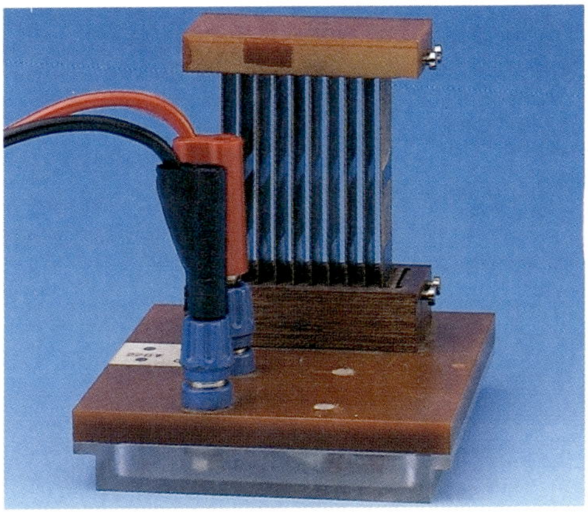

Mit der Piezokeramik ist ein Motor ohne drehende Teile möglich. Der obere Bereich schwingt durch die senkrecht angeordneten Piezostreifen hin und her. Das untere Bild zeigt einen Lautsprecher aus der Piezofolie.

Tricks und Tips:

Wenn man bei diesen Substanzen durch mechanische Verformung elektrische Spannungen erzeugen kann, warum sollte nicht auch die Umkehrung gelingen – durch das Anlegen einer elektrischen Spannung eine mechanische Verformung zu erreichen. Das gelingt tatsächlich. Dazu wird ein Metallplättchen mit der Piezokeramik beschichtet. Legt man jetzt eine elektrische Spannung an, so versuchen die elektrisch geladenen Dipole der Spannung auszuweichen – die Keramik will sich verformen. Weil sie aber mit dem Metall verklebt ist, bleibt dafür nur die Möglichkeit, sich zu krümmen. Bei Umkehrung der Polung der äußeren Spannung zieht sie sich zusammen, und der Metallstreifen krümmt sich in die andere Richtung. Koppelt man einige dieser Plättchen, so entsteht ein Antrieb, der kräftig hin- und herschwingt, ohne daß sich Teile drehen. Auch mit der Piezofolie ist dieser Umkehrungseffekt möglich. Z. B. kann man damit einen superflachen Lautsprecher bauen. Denn aus der Elektronik kommen ja zunächst Spannungsschwankungen, die vom Lautsprecher in mechanische Schwingungen, in Schallwellen, umgewandelt werden sollen. Die Spannungsschwankungen verformen die Folie so stark, daß es möglich ist, Lautsprecher oder z. B. eine klingende Tapete zu bauen.

Verklebt man zwei Folien geschickt miteinander und verbindet sie mit einer Elektronik, die entsprechende Spannungsschwankungen erzeugt, kann man auch diesen Schmetterling aus Piezofolie zum Flattern bringen. Denn je nach der Polung dehnt sich die eine Schicht der Folie aus oder zieht sich zusammen.

48

Der Computer als Friseur

Das Kunststück:

Eine neue Frisur bereitet so manchem Menschen schlaflose Nächte. Was wird der Figaro wieder verderben am nächsten Morgen, wo doch die Party so wichtig ist. Computer können den Schrecken mildern. Sie zeigen, wie man aussehen wird.

Das knoff-hoff:

Im Computer muß zunächst mit einer Videokamera das Bild des Kunden gespeichert werden.
Bei der Aufnahme preßt eine übergezogene Gummikappe die ursprüngliche Frisur zusammen, so daß nur die reine Kopf- und Gesichtsform zur Verfügung stehen. Im Computer befinden sich verschiedene Frisuren, aus denen der Kunde auswählen kann. Sie können mit dem Kundenbild kombiniert werden. Ein Rechenprogramm erlaubt die geometrische Anpassung der Frisur an die jeweilige Kopfform. Nicht jede Frisur ist für jeden Kopf geeignet – wie die unteren Bilder zeigen.

Tricks und Tips:

Prinzipiell kann der Computer auch dazu benutzt werden, Kleider anzuprobieren. Das läuft nach dem gleichen Schema wie bei der Frisur. Es ist recht zeitraubend, einen traditionellen japanischen Kimono anzuziehen – das kann Stunden dauern. Die Kundinnen benutzen deshalb mit Freude den Computer, der ihnen einen ersten Eindruck vermittelt. Hier versucht ein Herr, sein Image mit der Vision neuer Kleider aufzupolieren. Bei diesem System spielt allerdings ein halbdurchlässiger Spiegel die Rolle des Computers. Fotos von Kleidern werden unter das Spiegelbild des Kundenkopfes gespiegelt. Elektrisch gesteuert kann man die projizierten Kleiderbilder der Größe des Kunden anpassen.

Auch in der Musik haben Computer Eingang gefunden. Dieser Computer kann die über ein Mikrofon aufgenommenen Töne sofort in das richtige Notenbild umrechnen und anzeigen. Auch für Leute, die keine Noten können, ist es damit möglich, eine Melodie „aufzuschreiben“. Ein an den Computer angeschlossener Drucker gibt das Ergebnis auch auf Papier wieder.

49

Steine knacken

Das Kunststück:

Auch sehr große Gebäude müssen irgendwann einmal abgerissen werden. Kunstvolles Sprengen ist bis jetzt die erfolgreiche Methode. Die Gebäude stürzen in sich zusammen. Wie gut das klappt, hängt vom Können des Sprengmeisters ab. Gebrannter Kalk bietet eine andere Lösung. Wenn man in den Beton Löcher bohrt und dann in diese Löcher gebrannten Kalk mit Wasser füllt, so quillt diese Mischung auf, und der Klotz zerplatzt.

Das knoff-hoff:

Schon von alters her wurde diese „Quellmethode" zum Steinbrechen benutzt. In Oberägypten haben die Steinmetze in Felsrisse Holzkeile getrieben und sie mit Wasser getränkt. Das Holz quoll auf und brachte die Felsschichten zum Auseinanderplatzen. Die Steine für die Pyramiden wurden so gebrochen. Dieses Verfahren funktioniert ja auch sonst in der Natur. Wenn im Winter Wasser in Gesteinsspalten läuft und friert, dann dehnt sich ja das Wasser aus, wenn es zu Eis wird. Das Gestein zerplatzt – eine Ursache für die Verwitterung.

Tricks und Tips:

Im Studio haben wir zum Betonknakken ein kommerziell angebotenes, neues Mittel aus Japan benutzt. Das Granulat besteht zum großen Teil aus gebranntem Kalk. Mit Wasser gemischt, wandelt er sich in gelöschten Kalk um. Dabei dehnt er sich aus und verfestigt sich unter Verdoppelung seines Volumens. Zusatzstoffe steuern den Ablauf dieser chemischen Reaktion. Denn wenn die Umwandlung zu schnell geht, wird das Gemisch aus dem Bohrloch getrieben. Die Reaktion ist sehr stark temperaturabhängig. Deshalb werden verschiedene Mischungen für unterschiedliche Temperaturbereiche angeboten.

Der Druck durch das Aufquellen ist sehr hoch. 4000 Tonnen pro m^2 können erreicht werden. Nach dem Auffüllen der Bohrlöcher mit dem Wundermittel kann es einige Stunden dauern, ehe der Betonklotz bricht. Wie gut diese Methode ist, hängt auch von der richtigen Plazierung der Bohrlöcher ab.

50

Elektronen – fein gerieben

Das Kunststück:

Ein Luftballon wird mit einem leichtentzündlichen Gas (Wasserstoff oder Azetylen-Sauerstoff) gefüllt und so über eine Elektrode gestülpt, daß diese in das explosive Gemisch hineinragt. Von der Elektrode führt ein Kabel zu einer Metallkugel, die gegenüber der Erde isoliert ist. Läuft man nun einige Schritte über einen Teppichboden aus Kunststoff und berührt dann die Metallkugel, so explodiert der Luftballon.

Das knoff-hoff:

Durch das Laufen über den Teppichboden werden elektrische Ladungen abgestreift. Beim Berühren der Metallkugel fließen die Elektronen zur Elektrode im Inneren des Luftballons. Dort entsteht ein Funken, der das Gas zündet. Diese Ladungstrennung durch Reibung ist ja altbekannt. Wenn ein Kunststoffstab an einem Tisch oder Fell gerieben wird, so wandern Elektronen von dem einen Material zum anderen über. Das Reiben vergrößert die Kontaktflächen zwischen den beiden Materialien, so daß mehr Elektronen ab- und zufließen können. Diese Ladungstrennung erfahren wir alle fast täglich, wenn wir über Teppichbö-

den laufen und dann bei entsprechender Potentialdifferenz einen Funkenschlag bekommen. Dabei fließen die vorher durch das Laufen „abgestreiften" Elektronen wieder ab. Geringe Stromstärken, jedoch hohe Spannungen von einigen tausend Volt können dabei entstehen. Diese Ladungstrennung verursacht auch elektrostatische Kräfte. Haare z. B. werden durch einen solchen geladenen Stab angezogen.

Tricks und Tips:

Gut ist es, wenn Sie bei dem Kunststück mit dem Luftballon auf ein kleines, isolierendes Podest steigen – dadurch behalten Sie länger Ihre Aufladung. Außerdem sollte die Luft relativ trocken sein.

Mehr Ladungen kann man mit entsprechenden Maschinen trennen. Dadurch werden auch die Effekte größer. Solche Ladungstrennungsmaschinen haben in ihrem Inneren ein breites, an seinen Enden zusammengeklebtes Gummiband, das „endlos" umlaufen kann. Metallbürsten nehmen die Ladungen ab und sammeln sie auf einer Metallkugel, die hohl ist. Es wird hier prinzipiell nichts anderes getan als beim Reiben des Stabes mit dem Tuch. Nähert man sich der Kugel, so

springen die Ladungen auf den Körper über und es ist möglich, Benzindämpfe mit dem entstehenden Funken zu zünden. Bei diesem Kunststück muß man schnell die Hand zurückziehen, um sich vor der Flamme zu schützen. 100 000 Volt sind durch die Ladungstrennungsmaschine leicht zu erzeugen. Mit einer solchen Maschine gelingt auch das Aufladen der Haare besser. Wie bei all diesen Kunststükken muß man auf einer isolierten Unterlage stehen. Die Ladungen fließen von der Elektrisiermaschine auf den Körper und bilden eine Spannungsdifferenz zur Umgebung. Die Haare richten sich nach den elektrischen Feldlinien aus. Im Flugzeug können Sie manchmal am frischgewaschenen Haar beobachten, daß es nach oben steigt. Die Höhenstrahlen ionisieren die Teilchen im Flugzeug – dadurch kann es zu Ladungstrennungen kommen. Die Gegenstände im Flugzeug werden unterschiedlich aufgeladen, und die Haare stehen zu Berge.

51

Mit Elektronen schreiben

Das Kunststück:

Mit Elektronen eröffnet sich eine interessante Möglichkeit für eine Geheimschrift. Ein isolierter Metallstab wird mit einer Ladungstrennungsmaschine (s. K. 50) verbunden. Dann schreibt man auf eine Kunststoffplatte. Zunächst ist nichts zu erkennen. Wird jetzt aber feines Farbpulver auf die Platte geblasen, so erscheint die vorher gezeichnete Figur.

Das knoff-hoff:

So eine Elektrisiermaschine trennt elektrische Ladungen. Das funktioniert prinzipiell so wie bei dem Stab, den man mit dem Fell reibt. Die so erzeugten Elektronen fließen auf den isolierten Metallstift. Bei Kontakt mit dem Kunststoff – beim Schreiben also – fließen diese Elektronen auf die Kunststoffplatte. Der Kunststoff ist nicht elektrisch leitend; die Elektronen können sich nicht weiterbewegen. Die Schrift ist dadurch in diesem elektrischen Ladungsbild zwar gespeichert, aber für unser Auge unsichtbar. Das Farbpulver haftet durch elektrostatische Kräfte genau in den Schriftbereichen; denn nur da befinden sich ja konzentriert die elektrischen Ladungen. Anstelle des Farbpulvers kann man auch andere Substanzen probieren, die auf elektrische Felder reagieren.

Tricks und Tips:

Nicht nur durch direkten Kontakt mit dem Material können solche Bezirke mit elektrischen Ladungen aufgebaut werden. Bestimmte Halbleiter zeigen diesen Effekt durch die Einwirkung von Licht. Ausnutzen kann man das beim Fotokopieren. Ein bedrucktes Blatt ist im Bereich der Buchstaben schwarz – sonst weiß. Trifft Licht auf das Blatt, so wird es im weißen Teil

reflektiert, der schwarze Buchstabenbereich verschluckt das Licht. Spiegelt man nun diese bedruckte Seite auf die Halbleiterschicht, so wird sie da, wo Licht auftrifft, elektrisch leitend, und die vorher aufgebrachten elektrischen Ladungen fließen ab. Im dunklen Bereich, da also, wo die Buchstaben sind, behält der Halbleiter seine elektrischen Ladungen. Ein Pulver haftet in diesen Bezirken – so ist eine Abbildung des bedruckten Blattes auf dem Halbleiter möglich. Beim Kontakt mit Papier geht die Schrift in Pulverform auf das Papier über. Das Halbleitermaterial wird auf eine Trommel aufgetragen, die durch Drehung auf ihrem gesamten Umfang die Informationen mit den elektrischen Ladungsbildern sammeln kann.

Das auf die Halbleitertrommel gebrachte Farbpulver haftet nur in den dunklen Bereichen, d. h. dort, wo sich Schriftzeichen befinden. Die so gespeicherte Abbildung ist leicht zu verwischen.

52
Haare als Motor

Das Kunststück:

Auf einen Minilautsprecher wird ein Stück Pfeifenreiniger kreisförmig aufgeklebt. Darauf legt man eine leicht gebogene Glasscheibe. Zum Sichtbarmachen der Bewegung haben wir sie mit Papierpunkten beklebt. Der Lautsprecher wird mit einer Frequenz von 50 Hz versorgt. Ein Frequenzgenerator erlaubt die Regulierung der Frequenzen, um den Effekt zu optimieren. Bei der richtigen Frequenz beginnt sich die Scheibe zu drehen.

Das knoff-hoff:

Durch die angelegte Frequenz gerät die Lautsprechermembran ins Schwingen. Die Bürstenhaare des Pfeifenreinigers sind schräg ausgerichtet. Das Gewicht der Glasscheibe drückt diese Haare noch stärker zusammen. Bewegt sich die Lautsprechermembran durch die Schwingung nach unten, so wird die Last auf die Haare geringer – sie richten sich etwas auf. Bewegt sich die Membran nach oben, so schieben die Haare die Glasscheibe etwas nach vorne, ehe sie sich wieder zusammenpressen. Dieser Vorgang läuft sehr schnell ab. Die Scheibe dreht sich kontinuierlich.

Tricks und Tips:

Auf die Glasscheibe kann man eine Figur kleben, die sich dann bei der Vibration der Lautsprechermembran dreht. Es ist auch möglich, andere Gegenstände mit dem Pfeifenreiniger zum Drehen zu bringen. Solche Bürstenmotoren kann man auch kaufen.

53

Der Faden aus der Grenzschicht

Das Kunststück:

Erstaunliches erfordert ungewöhnliche Vorbereitungen. Selbst wenn Sie durch die folgenden Chemikalien erschreckt werden, sollen Sie das Kunststück kennenlernen. In ein Becherglas werden 2 ml Sebacinsäuredichlorid in 50 ml Tetrachlormethan gelöst. Darüber schichten Sie 50 ml Wasser, in das 2 g Hexamethylendiamin gegeben wurden. Die Trennfläche zwischen den beiden Lösungen ist scharf begrenzt, weil die Dichten dieser beiden Flüssigkeiten so unterschiedlich sind. An dieser Grenzfläche bildet sich eine Haut, die mit einer Pinzette hochgezogen werden kann. Zieht man weiter, so entsteht ein Faden, der sich scheinbar endlos aus dieser Mischung herausholen läßt.

Das knoff-hoff:

An der Grenzfläche der beiden Lösungen läuft eine chemische Reaktion ab – es entsteht Nylon. Nylon besteht aus sehr langen Molekülketten. Schon die Ausgangsstoffe zur Nylonherstellung bilden Ketten mit sechs bzw. zehn Kohlenstoffatomen – diese Grundstruktur ist dann in den Endlosfäden des Nylonpolymers wiederzufinden.

Tricks und Tips:

Bei diesem Kunststück werden gefährliche Chemikalien verwendet, und es entsteht auch Salzsäure als Nebenprodukt. Also Vorsicht! Den Nylonfaden kann man mit Alkohol waschen und zum Trocknen aufhängen. Elegant ist die Konstruktion einer Rollenvorrichtung, mit der man den Faden aus der Lösung abrollen lassen kann.

54

Vom Stangen- und vom Würfelei

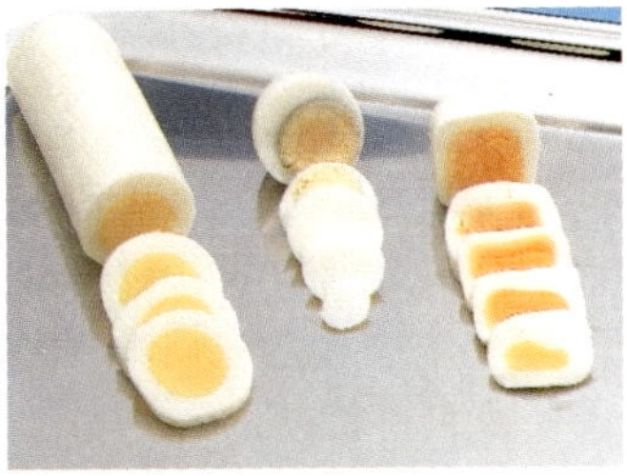

Das Kunststück:

Das Stangenei und auch das Würfelei sind keine natürlichen Produkte. Beide wurden erfunden, um mit diesen Eiern besser dekorieren zu können. Die Eischeibe wird oft als krönender Abschluß einer kalten Platte angesehen. Bei der Massenfertigung dieser kulinarischen Höhepunkte stört eine natürliche Eigenschaft des Eies: das runde Eigelb. Dadurch enthalten die Eischeiben Eigelb mit verschiedenen Durchmessern. Im Extremfall bekommt ein Kunde eine dekorative Eischeibe ohne Eigelb, dann nämlich, wenn er die äußersten Enden erwischt. Die genormte Eischeibe mußte einfach erfunden werden. Auch das Würfelei ist aus dem Hang zum Perfektionismus entstanden. Belegt man eine viereckige Toastbrotscheibe mit den runden Eischeiben, so bleiben an den Ecken Bereiche eifrei. Das hat offenbar die Hausfrau in Amerika besonders empört; amerikanische Erfinder haben Abhilfe geschaffen.

Das knoff-hoff:

Bei der Herstellung des Stangeneies werden zunächst Eiweiß und Eigelb getrennt. Der Trick besteht dann aus zwei Röhren, die ineinandergesteckt sind. In den Zwischenraum wird zunächst das Eiweiß gegossen und dann im Wasserbad erhitzt. Das Eiweiß wird fest, und die innere Röhre kann jetzt herausgezogen werden. In den Hohlraum wird dann das Eigelb gefüllt und alles noch einmal erhitzt. Jetzt erstarrt auch das Eigelb. Jährlich werden immerhin 300 t oder eine Million Stangeneier verkauft. Für das Würfelei gibt es eine Vorrichtung, die das Ei in die gewünschte Form quetscht. Dazu wird ein Ei zunächst leicht angekocht – im heißen Zustand geschält und in die Presse gebracht. Das Ei verfestigt sich durch die gespeicherte Wärme und behält nach dem Abkühlen seine viereckige Form bei.

Tricks und Tips:

Essen Sie lieber Ihr Ei wie vorher.

55

Die verzauberte Schnur

Das Kunststück:

Eine Schnur aus Polyvinylalkoholen wird in Wasser gelegt. Augenblicklich beginnen sich an den Enden die Fasern zu bewegen – die Schnur wird in Sekunden kürzer und löst sich schließlich vollständig auf.

Das knoff-hoff:

Für uns ist Alkohol alles andere als gerade eine Schnur. Tatsächlich hat diese Substanz mit dem uns vertrauten Alkohol nur den Namen und die Wasserlöslichkeit gemeinsam. Das liegt an der OH-Gruppe, die den organischen Molekülen angelagert ist. Der von uns getrunkene Alkohol wird im Körper abgebaut und hat dadurch die bekannte Wirkung. Die Polyvinylalkohole verlassen das Verdauungssystem jedoch unangetastet, ohne Einfluß auf die Abläufe im Körper. Das liegt an ihrer molekularen Struktur. Sie bestehen aus sehr langen Molekülketten, deren Grundbaustein, $(-CH_2-CH(OH)-)_x$, sich sehr häufig wiederholt; deshalb das x an der Formel. Die eingebaute OH-Gruppe garantiert die gute Wasserlöslichkeit. Dabei drängen sich die Wassermoleküle zwischen die Makromoleküle, so daß von der Schnur nur kleine für das Auge unsichtbare Stränge übrigbleiben. Diese Molekülketten sind zu einer Schnur zusammengepreßt. Im trockenen Zustand ist die Schnur sehr reißfest – im Wasser löst sie sich auf.

Tricks und Tips:

Anwenden kann man diese Zauberschnur in verschiedenen Bereichen, z. B. in industriellen Fertigungsprozessen, wo es darauf ankommt, zunächst etwas fest zusammenzuhalten, dann aber die Verbindung wieder zu lösen. Altpapierballen z. B. werden bis jetzt mit Drähten zusammengehalten. Sie müssen bei der Verarbeitung aufgeschnitten werden, was relativ aufwendig ist. Mit dieser Schnur aus Polyvinylalkoholen kann man den Papierballen sofort weiterverarbeiten. Die Schnur löst sich ja schon während des Einweichprozesses auf. Außerdem ist es möglich, aus diesen Alkoholen Folien herzustellen. Farbpulver oder Pflanzenschutzmittel werden darin eingepackt. Die Folie löst sich bei der Mischung mit Wasser auf. In Hotels oder Krankenhäusern kann Wäsche in Beuteln aus dieser Folie gesammelt werden. In der Waschmaschine „verschwindet" diese Folie dann im Wasser. Mit einer entsprechenden chemi-

schen Behandlung sind die Eigenschaften der Produkte aus Polyvinylalkoholen leicht zu verändern. So gibt es Folien oder Fasern, die sich in kaltem Wasser lösen, aber nicht in warmem – oder umgekehrt.
Es sind Stoffe herstellbar, die viel Wasser aufnehmen können, sich jedoch nicht auflösen. Das ist z. B. wichtig für die Herstellung von Tropenkleidung. Polyvinylalkohole kommen in der Natur nicht vor – seit etwa 1940 werden sie in größeren Mengen industriell hergestellt.

56

Die fotografierte Seele

Das Kunststück:

Mit einer Spulenanordnung kann man hochfrequente Wechselströme erzeugen, die für den Menschen ungefährlich sind. Prinzipiell ist dieser Apparat ein Teslatransformator, wird aber mit einigen Abänderungen zu einer Vorrichtung, um Kirlianfotografie zu betreiben. Semjon Davidowitsch Kirlian war ein russischer Wissenschaftler, der sich seit 1939 mit speziellen elektrischen Entladungen beschäftigt hat. Ziemlich unverständlich klingt das alles, aber uns sollen auch zunächst nur die Effekte interessieren, die man mit diesen hochfrequenten Wechselströmen erreichen kann. Funken springen von der Platte, die mit der Elektrode verbunden ist, auf den Finger – es bildet sich eine „Korona", ein Strahlenkranz, um die Fingerkuppe. Legt man Fotopapier auf die Platte, so sieht man nach dem Entwickeln herrliche Farben im Bereich der Fingerkuppe.

Das knoff-hoff:

Dieser spezielle Strom dringt nicht tief in die Haut ein – die elektrischen Ladungen werden auf der Haut hin- und herbewegt. Funken springen über, dadurch wird das Fotopapier belichtet. Farbfotopapier besteht ja aus verschiedenen farbempfindlichen Schichten. Je nachdem, welche Schicht belichtet wird, entsteht die entsprechende Farbe. Einige glauben, aus dem Farbbild auf den Gesundheits- oder Seelenzustand des Menschen schließen zu können. Dagegen spricht, daß die Effekte von sehr vie-

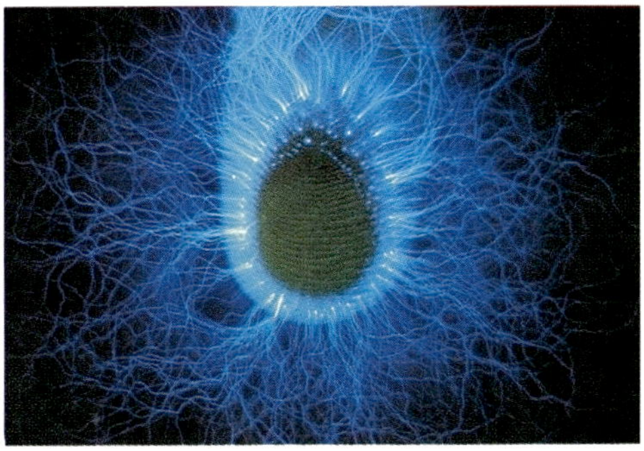

Funkenkorona um einen Finger von unten betrachtet

len Größen abhängig sind. Drückt man fest auf die Platte, so entsteht ein anderer Funkenkranz als beim lockeren Auflegen des Fingers. Hat man eine schwitzige Hand, dann sieht das Bild anders aus als bei trockener Hand, weil die elektrischen Ladungen durch die Feuchtigkeit andere Wege finden. Unregelmäßigkeiten auf der Haut liefern eine spezielle Funkenverteilung, weil die Ladungen bevorzugt von Spitzen ausgehen. Gesundheitsdeutungen mit diesen Bildern entbehren jeder naturwissenschaftlichen Grundlage.

Tricks und Tips:

Bekannt ist das Foto, das angeblich das Seelenleben der Pflanzen dokumentiert. Es zeigt ein Blatt, von dem ein Teil abgeschnitten ist. Trotzdem zeigt sich als Funkenkorona die vollständige Form des Blattes. Sind hier geheimnisvolle Strahlen oder Kräfte am Werk?

Unser Foto wurde so gemacht, daß unter elektrischer Spannung zunächst das vollständige Blatt auf die Platte gelegt wurde. Danach haben wir ein Stück vom Blatt abgeschnitten und erneut die hochfrequente Wechselspannung angelegt.

Auf dem Fotopapier zeigten sich die vollständigen Umrisse des Blattes.

Die Erklärung: Beim ersten Versuch mit dem vollständigen Blatt wurden mit den Entladungen auch Wasser und Mineralsalze transportiert. Das geschieht vor allen Dingen an den Spitzen und am Rand.

Diese Verunreinigungen auf dem Fotopapier lassen auch nach dem Ab-

schneiden der Blatthälfte die Funken auf die ursprüngliche Blattbegrenzung, die durch die Mineralsalze angegeben wird, überspringen.

57

Blitze aus der Maschine

Das Kunststück:

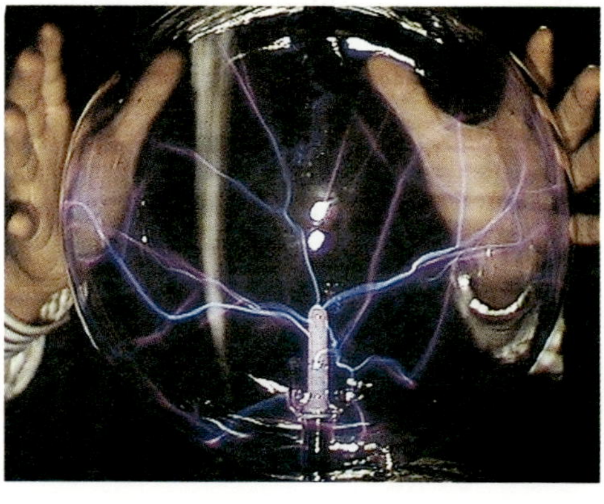

Hochfrequente Wechselströme erlauben erstaunliche Blitzkunststücke. Dazu braucht man einen Teslatransformator – dann eine Kupferspulenanordnung, die eine hohe Wechselspannung liefert. Diese Spannung schwankt jedoch so schnell, daß die geringen Ströme, die fließen, auf der Hautoberfläche bleiben (s. K. 56). Diese Funkenstrecken kann man sehr leicht beeinflussen. Die Hände an die Glaskugel gelegt, verändern das elektrische Feld, so daß die Funkenstrekken hin- und herwandern. Das Innere der Glaskugel ist mit einer elektrisch leitenden, aber durchsichtigen Schicht belegt. Deshalb enden die Entladungskanäle auf der Innenseite der Kugel. Ein mit einem Teslatransformator erzeugter Blitz erreicht bei weitem nicht die Stromstärken eines richtigen Blitzes (da fließen Hunderttausende von Ampere bei einigen hundert Megavolt Spannung). Aber man sieht sehr gut den Weg, den die Entladungsstrecken nehmen.

Das Männchen in unserem Versuch wird z. B. durch den Baum nicht vor dem Blitz geschützt. Soll man nun die Buchen bei Gewitter suchen?

Das knoff-hoff:

Blitze entstehen durch Ausgleich von positiven und negativen Ladungsträgern. Die Erdoberfläche besitzt ein bestimmtes elektrisches Potential. Auf ihr befindet sich eine bestimmte Anzahl von Elektronen. Durch Aufwinde werden an Wassertröpfchen gebundene Ladungsträger in die Atmosphäre getragen – Wolken entstehen. Zwischen den stark negativ geladenen Wolken und der Erdoberfläche entsteht – wie bei einem Kondensator – ein elektrisches Feld. Der Ladungsausgleich wird dort zuerst stattfinden, wo sich die Feldlinien konzentrieren – und das ist z. B. an Spitzen der Fall. Bäume sind aus diesem Grund ein beliebtes Ziel der Blitze. Und dabei ist es egal, ob es eine Buche oder Eiche ist. Bei Blitzen soll man vor allen Bäumen „flitzen". Auf ebenem Gelände ist es wichtig, keine Spitze zu bilden. Erdkuhlen sind dann der richtige Aufenthaltsort. Das Männchen unter dem Baum bildet auch eine Spitze, an der sich die Feldlinien konzentrieren. Der in den Baum einschlagende Blitz löst sich deshalb vom Baumstamm und schlägt in das Metallmännchen ein.

Tricks und Tips:

Ein Metallgeflecht – ein sogenannter Faradayscher Käfig – ist der sicherste Unterschlupf bei einem Gewitter. Die Feldlinien enden auf der Metalloberfläche. Deshalb werden die Elektronen auf der äußeren Metallschicht abgeführt – das Innere eines solchen Metallkäfigs bleibt von Blitzen verschont. Es ist feld- und ladungsfrei. Ein Auto ist ein Faradayscher Käfig. Deshalb ist

es richtig, sich während eines Gewitters im Auto sicher zu fühlen. Die Ladungen werden auf der Metallaußenhaut abgeführt.
Blitze zersplittern Bäume. Der elektrische Strom, der beim Blitzeinschlag durch den Stamm fließt, erwärmt das Wasser im Baumstamm. Das verdampft bei diesen riesigen Stromstärken, und der Dampf zerreißt mit seinem Überdruck den Baumstamm.
Ein Blitz leuchtet, weil die Elektronen beim Aufprall auf die Luftmoleküle diese zum Leuchten anregen. Der Blitz verästelt sich, da die Elektronen den Weg des geringsten Widerstandes suchen. Ein „eingefrorener" Blitz zeigt sich in dem Plexiglaswürfel. Zunächst hat man das Plexiglas mit beschleunigten Elektronen beschossen. Teile im Plexiglas haben sich elektrisch aufgeladen, indem die Elektronen in dem hochisolierenden Material einfach steckenblieben. Mit einem geerdeten Bohrer wurde dann in den Block gebohrt, bis es zu einer Entladung kam. Die sichtbare Verästelung zeigt die Wege, die die Elektronen genommen haben. In diesen Kanälen gab es für sie den geringsten Widerstand.

58

Der Hähnchentest

Das Kunststück:

Bei Tiefkühlkost weiß man nie, ob nicht irgendwo auf dem Weg von der Fabrik in die Einkaufstasche die Temperaturen so hoch waren, daß z. B. ein Hähnchen für einige Zeit auf- oder angetaut gelagert wurde. Wie sollte man auch, denn so ein Hähnchen ist schnell wieder eingefroren, und äußerlich sieht man ihm nichts an. Durch eine solche Unterbrechung der Kühlkette können gesundheitliche Schäden verursacht werden, weil sich dadurch die Lebensmittel verändern. Bei etwa −18 ° Celsius liegt die kritische Temperatur, die nicht überschritten werden sollte.

Alle drei Flüssigkeiten befinden sich außen. Die optimale Temperatur von −18 °C wurde nicht überschritten.

Die drei Markierungsflüssigkeiten, die mit dem Hähnchen eingefroren sind, geben genau an, bei welcher höchsten Temperatur das gefrorene Lebensmittel gelagert war. Steht bei Rot die weiße Blase in der Mitte, so heißt das: Das

Nur die rote und gelbe Flüssigkeit befinden sich außen. Das Hähnchen wurde über −18 °C, aber nicht über −12 °C gelagert.

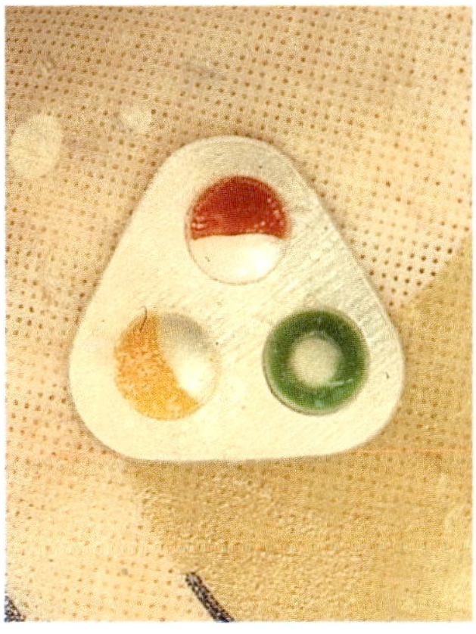

Hier kann man nur sicher sein, daß −2 °C nicht überschritten wurden.

Diese Stellung der Flüssigkeiten zeigt an, daß von Tiefgefrorenem keine Rede mehr sein kann.

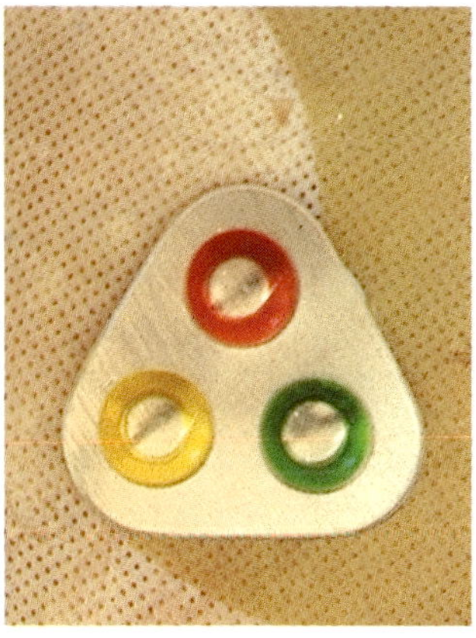

Hähnchen wurde bei einer Temperatur von über 0 ° bis −2 °C gelagert. Es ist also nicht mehr genießbar. Die gelbe Mischung bleibt bis zu −12 °C gefroren; also Vorsicht, wenn die Blase dort schon in der Mitte steht! Die grüne Mischung taut erst bei Temperaturen über −18 °C, dabei schiebt sich die Blase in die Mitte. Wie funktioniert diese Anzeige?

Das knoff-hoff:

In den drei kleinen Behältern sind drei verschieden gefärbte Alkohol-Wasser-Lösungen enthalten. Der Alkoholanteil ist jeweils so gehalten, daß die verschiedenen Lösungen bei unterschiedlichen Temperaturen gefrieren. Das Plättchen mit den drei Gemischen wird auf die Achse eines kleinen Motors gesetzt. Durch die Drehung werden die Flüssigkeiten nach außen gedrückt, die leichtere Luftblase bleibt innen. Auf dem Foto ist das in einer Momentaufnahme gut zu sehen. In dieser Lage friert man die Flüssigkeiten ein. Der Motor mit den Plättchen muß also mit in die Tiefkühltruhe. Sind die Flüssigkeiten fest, so verharren sie in der ungewöhnlichen Lage – auch nach Abstellen des Motors. Das so präparierte Plättchen kann jetzt dem Gefrierhähnchen beigepackt werden. Wird das Hähnchen bei einer Temperatur von über −18 °C gelagert, so wird z. B. das grüne Alkohol-Eis flüssig. Beim Wiedergefrieren wird das Gemisch zwar fest, aber weil jetzt die Fliehkraft fehlt, friert die Luftblase in der Mitte ein. Ebenso funktioniert das in den anderen Temperaturbereichen, denn die verschiedenen Flüssigkeiten sind ja so ausgewählt, daß sie bei unterschiedlichen Temperaturen auftauen. So ist an der Lage der Luftblase jederzeit zu sehen, welche Temperatur unterschritten wurde. Eine Hilfe für Sie, den Konsumenten.

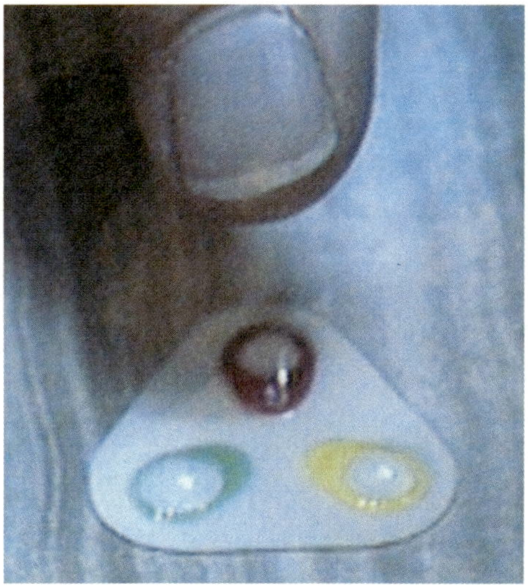

Diese Fotos wurden unter blauem Stroboskoplicht aufgenommen. Bei Zimmertemperatur befinden sich die Luftblasen in der Mitte. Bei drehendem Motor fließt das Alkoholgemisch nach außen. In dieser Position wird die Anzeige eingefroren.

Ich hab' „knoff-hoff"

Nach der Lektüre der vorangegangenen Kapitel können Sie bereits getrost von sich behaupten:

Diesen Aufkleber erhalten Sie kostenlos, wenn Sie die Antwortkarte aus dem „knoff-hoff-Buch" an den Verlag senden.

Knoff
hoff
Show

59 Chemie mit Risiko

Die Kunststücke

in diesem Kapitel sind besonders risikoreich – das sehen Sie schon am Gesichtsausdruck unseres knoff-hoff-Professors. Unter besonderen Sicherheitsvorkehrungen ist es möglich, einen Luftballon mit einer farbigen Flamme explodieren zu lassen. Auch haben wir im Studio mit einem chemischen Trick „Gold“ produziert. Selbstverständlich mit viel Knall und Rauch.

Für uns war der Ausgang vieler chemischer Reaktionen oft sehr überraschend, und so näherten wir uns den diversen Pülverchen mit gebührendem Respekt. Die verkniffenen Gesichter zeigen, wie spannend das war, und das leere Szenenbild demonstriert, wie schnell Moderatoren sein können, wenn es um die eigene Sicherheit geht. Ich empfehle deshalb, diese Kunststücke nicht auszuführen.

Wir geben aus diesem Grund auch keine detaillierten Rezepte an. Interessant ist es aber, prinzipiell zu wissen, wie sie funktionieren. Nähere Informationen finden Sie in den Chemiebüchern.

Ramona zeigt, wie Sie mit Wasser ein Feuer entzünden können. Für uns ist es selbstverständlich, daß Wasser Feuer löscht. Aber das kann auch ganz anders sein.

Für dieses Kunststück wird eine gleich große Menge Aluminiumpulver mit Jodpulver gemischt und dann auf eine nicht brennbare Unterlage aufgehäufelt. Kommt jetzt auch nur ein Tropfen Wasser hinzu, so entwickelt sich sofort Rauch, und das Gemisch brennt mit einer violetten Flamme.

Das Wasser bringt die Reaktion zwischen dem Jod und dem Aluminiumpulver in Gang. Das Aluminium oxidiert unter Abgabe von Energie. Die Joddämpfe kriechen über die Unterlage und färben alles braun. Eine weiträumige Unterlage ist deshalb wichtig. Die Joddämpfe sind giftig – deshalb sollten Sie dieses Kunststück nicht versuchen.

Noch spektakulärer ist das Kunststück, wenn man mit Eis ein Pulver anzündet. Dazu mischt man Zinkstaub mit Ammoniumchlorid und Ammoniumnitrat. Wenn Sie dieses Gemisch mit einem Löffel auf Eiswürfel bringen, entwickelt sich sofort eine Stichflamme. Eis ist ja immer von einer Wasserschicht umgeben – das Wasser zündet hier also wiederum das Pulvergemisch. Das Ammoniumchlorid wirkt als Katalysator. Das Nitrat liefert den Sauerstoff. Bei dieser Reaktion oxidiert der Zinkstaub unter Wärmeabgabe. Es entsteht außerdem Ammoniak. Auch dieses Kunststück ist gefährlich. Bei allen Reaktionen mit Stichflammen oder Explosionen läuft eigentlich immer grundsätzlich derselbe Mechanismus ab: Man nehme einen Sauerstofflieferanten und mische ihn mit einem Metallpulver, das leicht oxidiert. Ein Katalysator, der die Reaktion auslöst und unterstützt, ist oft hilfreich. Bei der Oxidation, d. h. bei Verbindung des Metalls mit dem Sauerstoff, wird Wärme frei.

Auch beim Verbrennen des Eisenpulvers lief das ähnlich ab (s. K. 12). Beim Oxidieren – beim Entstehen von Rost – wird Wärme frei. Die Flammen können übrigens verschiedenartig gefärbt werden. Dazu gibt man der Mischung etwas von den angegebenen Substanzen zu: z. B. für eine gelbe Flamme etwas Kochsalz, für Grün Kupfernitrat, für Rot Strontiumnitrat.

Bekannt sind viele Kunststücke, bei denen durch Umschütten die Farbe der Flüssigkeit wechselt. Dabei befinden sich in den scheinbar leeren Gläsern kleine Mengen Säure oder Lauge, die den Farbumschlag hervorrufen.

Es gibt aber Kunststücke, die weitaus überraschender sind. Leider sind die dazu verwendeten Chemikalien oft sehr giftig, so daß ich nicht das detaillierte Rezept liefern will. Wenn Sie die Möglichkeit haben, unter strengen Sicherheitsvorkehrungen zu experimentieren, finden Sie das folgende Kunststück in der Literatur unter dem Stichwort „Golduhr“. Dazu werden zwei Lösungen aus Natriumthiosulfat und Natriumarsenit hergestellt. Sie sind farblos. Schüttet man sie zusammen, so wird das Gemisch nach wenigen Sekunden goldgelb. Wie schnell das geht, hängt von der Konzentration der Substanzen in den Ausgangslösungen ab. Wir haben drei Gläser mit verschiedenen Konzentrationen nebeneinandergestellt, so daß der Farbumschlag schnell hintereinander erfolgt. Deshalb der Name „Golduhr“. Bei dieser Reaktion fällt Sulfid aus, das wie-

derum die gelbe Farbe verursacht. Ein ähnliches Experiment kann man mit Jod ausführen. Das Rezept für die „Joduhr" ist in der Fachliteratur leicht zu finden.

In einem anderen Kunststück ist es möglich, eine Lösung zwischen durchsichtig und tiefblau oszillieren zu lassen. Dieser Farbwechsel ohne Einfluß von außen ist sehr eindrucksvoll, zumal das die Lösung im Glas 15 Minuten lang tut. Der Farbwechsel geht in Sekundenschnelle vor sich. Das Rezept finden Sie unter dem Stichwort „Oszillierende Joduhr". Stärke und Jod sind in der Lösung enthalten – deshalb die Farbbildung. Komplizierte Oxidations- und Reduktionsreaktionen laufen periodisch ab, bis die Ausgangssubstanzen verbraucht sind.

In Sekundenschnelle findet der Farbwechsel statt.

Aus Wasser Bier zaubern zu können ist der Traum vieler Oktoberfestbesucher, wenn sie die Preise für eine Maß erfahren. Mit diesem Kunststück kann man sich wenigstens optisch diesen Wunsch erfüllen. Zwei durchsichtige, farblose Lösungen werden zusammengeschüttet – Schaum entsteht, und nach kurzer Zeit färbt sich die Lösung im Maßkrug braun. Unter dem Stichwort „Landoltsche Zeitreaktion" finden Sie das Rezept in der Fachliteratur. Wir haben die Stärke weggelassen, so daß kein Blau, sondern elementares Jod mit seiner Braunfärbung entsteht. Der Schaum wird durch Zugabe einiger Tropfen eines Spülmittels erzeugt. Beim Zusammengießen entsteht die Schaumkrone auf rein mechanischem Wege. Selbstverständlich kann man dieses Bier nicht trinken.

60

Die knoff-hoff-Palette

Mit dem entsprechenden „knoff-hoff" ist es möglich, Erfindungen zu machen, die manchmal etwas skurril erscheinen, aber oft auch zur Lösung von technischen Problemen führen.
Zum Schluß eine Sammlung einiger Prototypen, die vielleicht auch Sie interessieren.

Ein Radio, das beim Einschalten die Lippen bewegt. Die verschiedenen Lautstärken und Frequenzen des empfangenen Programms werden in Lippenbewegungen umgewandelt.

Dieser Erfinder wollte alle Fortbewegungsmöglichkeiten in einem Fahrzeug unterbringen. Herausgekommen ist eine erdgebundene Phantasiekutsche.

Ein Magnet im Hammer kann Reißnägel festhalten. Eine Erleichterung für den Heimwerker.

Diese Metallplättchen sind Elektroden, die bei Berührung einen Tongenerator steuern. Musik zum „Anfassen" ist damit möglich.

Zum Anfeuchten der Briefmarken dient diese Zunge aus Samt. Der Stoff saugt das Wasser aus der Büchse, so daß die Zunge immer feucht ist.

Für mißtrauische Bierfestbesucher ist dieser Maßkrug mit Sichtfenster gedacht. Allerdings – bei einem Glaskrug sieht man sofort, wie schlecht die Wirte manchmal einschenken.

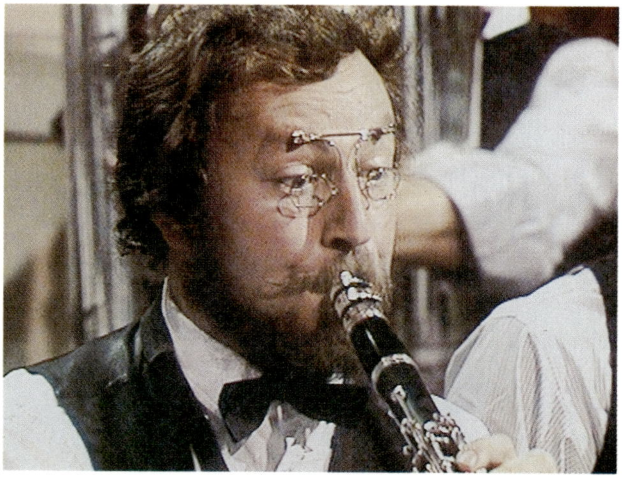

Die Brille ohne Haltebügel. Die Befestigung gelingt mit zwei Klammern, die in die Haare der Augenbrauen geklemmt werden.

Für besonders durstige Partygäste wurde dieser Bierflaschenöffner erfunden. Mit ihm ist es möglich, gleich eine ganze Reihe der Flaschen im Bierkasten zu öffnen.

Wer mit dem Flaschenbier nicht zufrieden ist, kann auf dem Bierkasten eine Zapfanlage anbringen. Das Bier aus den Flaschen wird so mit mehr Kohlendioxid versetzt und fließt aus einem Zapfhahn.

Die Farbe auf der Haut des aufgeblasenen Fisches wechselt mit der Temperatur. Rosa zeigt warm an – die blaue Farbe signalisiert kalt. Gedacht ist dieser Fisch als Temperaturfühler für das Badewasser von Kleinkindern.

Moderne Elektronik ermöglicht diesen Kopierer im Taschenformat. LED-Leuchten tasten das Original zeilenweise ab, und Sensoren nehmen die Hell-dunkel-Werte auf. Je nach der ankommenden Information werden kleine Nadeln blitzschnell erhitzt, die dann das Thermopapier einfärben.

Eine historische Erfindung für hastige Teetrinker.

Der Propellerantrieb für das Fahrrad. Eine gefährliche Angelegenheit.

Man kann auch einfach die Erfindung des Rades ignorieren und sich so fortbewegen. Die Stangen mit den Schuhen imitieren dabei einen „Watschelgang".

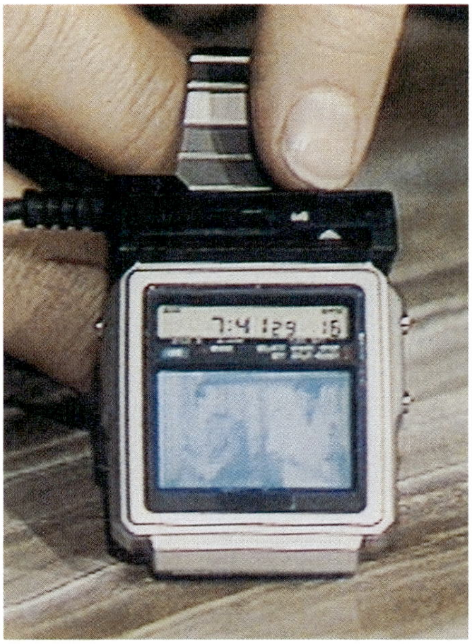

Die „knoff-hoff-Show" als Fernsehbild in der Armbanduhr. Möglich durch Flüssigkristallanzeigen. Allerdings täuscht das Foto darüber hinweg, daß ein Teil der Elektronik noch in der Jackentasche getragen werden muß.

ich hab' knoff hoff

Bildnachweis

Studiofotos wurden mit freundlicher Genehmigung des „ZDF" von der Firma Electronic Center GmbH, Frankfurt, in einem Spezialverfahren von der magnetischen Aufzeichnung auf 6×7-Dias überspielt. Bei Actionfotos kann es dabei zu gewissen Bewegungsunschärfen kommen, die der Verlag wegen der Aussagekraft dieser Bilder bewußt in Kauf genommen hat.
Eigens für „Das knoff-hoff-Buch" wurden vom wf-Studio, Konni Filbert, München-Gräfelfing, die Bilder auf folgenden Seiten realisiert:
S. 15 rechts unten, 18, 19 rechts oben, 20, 21 links oben, 25, 27 rechts unten, 30, 32, 37, 43, 47, 49 rechts oben, 50 rechts oben und Mitte, 52 oben, 58, 59, 60 oben, 61 unten, 63 rechts oben und Mitte, 64, 66, 70 und 71 oben, 72 oben, 81 rechts oben, 82 Mitte, 85 oben, 100 Mitte, 102, 104 Mitte, 116 links, 117 rechts unten, 118, 121, 130 oben, 131, 137 oben und rechts unten, 147, 149, 156 unten, 164, 166 links oben.
Die Fotos auf den Seiten 38, 45, 50 links, 65, 71 rechts unten, 74 links, 93 rechts oben, 134 und 154 oben stammen von Rudolf Spreter von Kreudenstein, München.
Für die Fotos auf den nachfolgenden Seiten bedanken wir uns bei:
Hermann Roth, München, Vorsatzseite und S. 50 rechts unten;
Boeing, Seattle, S. 28, S. 35 unten;
Pressestelle Philips AG, Hamburg, S. 42, S. 48 Einkopierung;
IBM Research Center, New York, S. 44;
Leitz Wetzlar GmbH, S. 44;
Pressestelle Siemens AG, München, S. 46 unteres Bild – rechte Spalte;
Canon Inc., Tokio, S. 48;

NASA, Houston/Texas, S. 52 unten, 82 oben, 84;
Inst. für wissenschaftlichen Film, Braunschweig, S. 53 unten;
MBB-Erno, Bremen, S. 54 oben;
Inst. f. leichte Flächentragwerke (IL) Universität Stuttgart, S. 62 unten;
Hapag Lloyd AG, Bremen, S. 72 unten;
Ingenieurkontor Lübeck, S. 73;
Michael Friedel, Steingau, S. 75 unten;
Bildagentur Sygma/T. Orban, Paris, S. 79;
DFVLR, S. 83 unten;
Tour de Sol, S. 85 unten;
Siemens AG, Unternehmensbereich Bauelemente, Regensburg, S. 88, 89 unten, 90;
Manfred Kirschner, Fachhochschule Heilbronn, S. 98, 152 und 153;
Ing.-Büro f. Technische Optik, Dachau, Werkfoto MAN-Technologie, S. 101;
Dexim GmbH, Bünde, S. 104 oben;
MBB, München, S. 109 Mitte;
Pressestelle BASF, Ludwigshafen, S. 112 Mitte;
c STERN/Tom Jacobi, S. 112 unten;
Draeger Werk AG, Lübeck, S. 124 oben;
Solvay & Cie., Brüssel, S. 136 oben;
Jean-Claude Bourdier, Paris, S. 139 oben;
Rank Xerox, Düsseldorf, S. 146 unten;
Dr. Bachmann, S. 156 oben;
Dr. Walter Holzer, Meersburg, S. 157.

Für die Hilfe und Anregungen, die wir bei experimentellem Aufbau, Demonstration von Erfindungen, Vermittlung von Ideen bekommen haben, möchten wir danken:

Prof. Dr. Werner Martienssen, Uni Frankfurt (K. 26); Prof. Dr. W. Bürger, TU Karlsruhe (K. 2 und K. 10); Herrn Kress, Fa. Leybold-Heraeus; Herrn Dathe, Uni Frankfurt; Prof. Dr. Reinhard Furrer, Bonn; Manfred Kirschner, FH Heilbronn; Robert Fischer, Freiburg; Tom Noddy, Kalifornien; Detlef Schmitz, Kirchheim; Dr. Richard Knerr, München; Ferdinand Schlenker, Sexau/Breisgau; Hans Denzler, Weisslingen/Schweiz; Herrn Greiner, Firma Dumler, Rottweil. Außerdem folgenden Firmen und Institutionen: AEG – Forschung, Ulm; AEG – Neue Technologien, Hamburg; Austenal Dental, Köln; Canon Euro-Photo, Willich; Deutsches Museum, München; DFVLR; Fakultät für Physik, TU München; Heye Glas, Obernkirchen; Holographie Labor Dr. Steinbichler, Neubeuern; Institut für Anorganische Chemie – Fachdidaktik, Uni München; Institut für Feingerätebau, TU München; Institut für Hochspannungstechnik, TU München; Institut für Luft- und Raumfahrt, TU Berlin; Institut für Massivbau, TH Darmstadt; Institut für Metallkunde, Uni Leuven; Institut für Rundfunktechnik; Institut für Werkstoffe, Uni Erlangen; Institut für Werkstoffe, TU Braunschweig; Ivoclar, Liechtenstein; Lemke-Fernsehen für die Wissenschaft, Gröbenzell, Leybold-Heraeus; MBB, Ottobrunn; Phänomenta; Physikalisches Institut, Uni Frankfurt; Profisoft Osnabrück; Rank Xerox, Düsseldorf; Raychem, Ottobrunn; Fa. G. Rau, Pforzheim; Schiffsmodellbau Club, Karlsruhe; Fa. Seiko, Japan; Siemens AG, München und Erlangen; Siemens-Optoelektronik, Regensburg; SMV Software, Nürnberg; Solvay, Brüssel; Texas Instruments; Tiedemann Spannungsoptik, Garmisch-Partenkirchen.

Die Erfindungen im Kapitel 60 präsentierten uns:
Walter Bühl, Bochum; Bruno Gruber, Puchheim; Manfred Seifert mit Frau, Fränkisch-Crumbach; Horst Habermann, Trappenkamp; Marc Heide, Merbusch; Günther Wensing, Stadtlohn; Harald Burber; Thomas Troppmann, Weyhausen; Albert Langenegger, Wulfertshausen.

Besonderen Dank möchten wir dem „knoff-hoff"-Redaktionsteam im ZDF aussprechen.

Zum 33. Geb.

v. Hanni & Andreas